薄荷油
的乐趣

［日］前田京子 / 著

梁华 / 译

はっか油の愉しみ

华夏出版社
HUAXIA PUBLISHING HOUSE

图书在版编目（CIP）数据

薄荷油的乐趣/（日）前田京子著；梁华译．－－ 北京：华夏出版社，2019.4
ISBN 978-7-5080-9621-6

Ⅰ．①薄… Ⅱ．①前… ②梁… Ⅲ．①薄荷－植物香料－基本知识
Ⅳ．① TQ654

中国版本图书馆 CIP 数据核字 (2018) 第 271554 号

版权所有 翻印必究
北京市版权局著作权合同登记号：图字 01-2017-6905 号

薄荷油的乐趣

作 者	［日］前田京子	版 次	2019 年 4 月北京第 1 版
译 者	梁 华		2019 年 4 月北京第 1 次印刷
责任编辑	蔡姗姗	开 本	787×1092 1/32 开
美术设计	殷丽云	印 张	6.625
责任印制	周 然	字 数	93 千字
出版发行	华夏出版社	定 价	45.00 元
经 销	新华书店		
印 刷	三河市少明印务有限公司		
装 订	三河市少明印务有限公司		

华夏出版社 网址 :www.hxph.com.cn 地址 : 北京市东直门外香河园北里 4 号 邮编：100028
若发现本版图书有印装质量问题，请与我社营销中心联系调换。电话：(010) 64663331（转）

要说我家的空气里最常闻到的香味儿，就得数"薄荷"了。

装着薄荷油的小瓶或是需要耗用薄荷油的用品，在我的家里随处可见。

每次使用薄荷油的时候，阳光下就会悄然聚来薄雾般的香气，在空中氤氲，又缓缓地散去。

厨房、洗手台、浴室、储藏间……薄荷油悄然存于日常生活中，忙起来的时候，甚至忘记了它的存在。

但略感疲惫的时候，我会打开瓶盖，专心地深吸一口薄荷的香气。头脑中那厚重的云幕瞬间就被拉开来，露出了明快的蓝天。

我与薄荷油在一起，究竟有多久了？

自从我与它邂逅那天起，我的生活就变了，就连家里的空气都变得与以前不同了。

薄荷油能做到的事情太多了，多得令我吃惊，我无法抵制，一次又一次为之着迷。而在不断的尝试中，有相当一部分家务活儿也变成了我的乐趣。

现在我已经在家工作了，但想当年，当我还是个上班族的时候，每天赶去上班，下班后又要收拾厨房、洗衣服……曾经繁忙紧张的生活节奏，因为有了薄荷油的香气，突然就开始有了生机和乐趣。甚至，就连我刷洗锅碗和浴缸之时，心里都高兴地在唱着"哇哈哈"。

不知何时，薄荷油不仅在我的家里活跃，还开始陪我走出了家门。

现在，我已经无法想象离开薄荷油还能如何生活。

于是，在某一天，我决定给我的这位爱人写一封情书。

她是我最好的爱人，无论发生什么，每天都守在我的身边，成为我平凡岁月中的支柱。

我与她是如此有缘的伙伴，我什么都想要跟她一起尝试。于是我们在一起，一次又一次，共同经历了许多。

　　我在这本书里归纳总结的"我最喜爱的薄荷油的各种用法"，是我与薄荷油之间多年来自然地形成的默契，且已经在我家里广为应用的那些配方。

　　我希望这本书能成为一个契机，让令人愉悦的薄荷绿风吹到更多的地方。

目录

序　章　薄荷油魔术表演现在开始，敬请欣赏／001

0. 薄荷水／003

配方0 薄荷水／020

第1章　用薄荷油护理身体，居家外出两相宜／021

1. 口袋薄荷——便携薄荷油／023

配方1 口袋薄荷——便携薄荷油／028

2. 薄荷口腔清新剂／029

配方2-1 薄荷口腔清新剂／033

配方2-2 儿童用薄荷口腔清新剂／034

3. 薄荷棉球／035

配方3 薄荷棉球／040

4．薄荷湿巾——纸毛巾 / 041

配方 4 薄荷湿巾——纸毛巾 / 046

5．薄荷口罩 / 048

配方 5 薄荷口罩 / 054

6．防感冒薄荷熏蒸 / 055

配方 6 防感冒薄荷熏蒸 / 060

7．简易薄荷软膏 / 061

配方 7 简易薄荷软膏 / 065

8．复方薄荷软膏 / 066

配方 8 复方薄荷软膏 / 071

第2章 厨房和洗手间也吹起薄荷风／073

9．薄荷牙膏、薄荷去污膏 / 075

配方 9 薄荷牙膏、薄荷去污膏 / 082

10．万能薄荷去污皂粉 / 083

配方 10 万能薄荷去污皂粉 / 089

11. 薄荷除臭粉 / 090

配方 11　薄荷除臭粉 / 094

12. 薄荷岩盐室内清新剂 / 095

配方 12　薄荷岩盐室内清新剂 / 099

13. 薄荷空气清新剂 / 100

配方 13　薄荷空气清新剂 / 104

14. 薄荷玻璃水 / 105

配方 14　薄荷玻璃水 / 108

15. 薄荷柠檬厨用洗手皂——厨房液体皂 / 109

配方 15　薄荷柠檬厨用洗手皂——厨房液体皂 / 117

专稿　《说一说：薄荷厨用洗手皂、厨房专用固体皂》/ 118

第3章　在薄荷的芳香中快乐洗衣 / 123

16. 薄荷洗衣皂粉 / 125

配方 16　薄荷洗衣皂粉 C 型 / 129

17. 薄荷柔顺剂——衣物柔顺剂 / 130

配方 17 薄荷柔顺剂——衣物柔顺剂 / 134

18. 薄荷薰衣草洗衣皂——精细衣物专用液体皂 / 135

配方 18 薄荷薰衣草洗衣皂——精细衣物专用液体皂 / 139

19. 薄荷织物整理水——熨衣喷雾 / 140

配方 19 薄荷织物整理水——熨衣喷雾 / 144

20. 薄荷香包 / 145

配方 20 薄荷香包 / 149

21. 薄荷鞋枕 / 150

配方 21 薄荷鞋枕 / 154

第4章 让薄荷油陪伴入浴 / 155

22. 薄荷浴油及薄荷沐浴香氛 / 157

配方 22-1 薄荷浴油 / 161

配方 22-2 薄荷沐浴香氛 / 162

23.薄荷洗发水及薄荷护发素 / 163

配方 23-1 薄荷洗发水 / 167

配方 23-2 薄荷护发素 / 168

24.薄荷整发喷雾 / 169

配方 24 薄荷整发喷雾 / 172

25.薄荷发油及发蜡 / 173

配方 25-1 薄荷发油 / 177

配方 25-2 薄荷发蜡 / 178

26.薄荷芳香蜡烛 / 179

配方 26 薄荷芳香蜡烛 / 183

27.薄荷浴蜜及蜂蜜露 / 184

配方 27-1 薄荷浴蜜 / 188

配方 27-2 一匙薄荷蜂蜜露 / 189

配方 27-3 一瓶薄荷蜂蜜露 / 190

后 记 / 191

分量表 《说一说：薄荷厨房专用洗手皂、厨房专用固体皂》(第118页)中的材料分量表 / 195

主要参考文献 / 197

序章

薄荷油魔术表演现在开始，
敬请欣赏

0. 薄荷水

我与薄荷油的邂逅

那是近二十年前的事了。

有一天我去药店，在货架上一个不太显眼的角落里，偶然地看到了安静摆放在那里的"薄荷油"。

"薄荷油？怎么会出现在药店里？怎么会摆在这儿？"

那是个棕色的小瓶，瓶身上贴着标签。标签上方正严谨的"日本药局方（译注：指官方药典，下同）[1]"几个

---

1. 对生药、制剂、试验法等的标准做出规定的医药品规格书。由各国家、地区各自制定。《日本药局方》初版于 1886 年（明治十九年）颁布，至 2014 年已修订颁布第 16 版。

字下方，有这样一行字："可用于调制薄荷水。"

"薄荷水"，听起来好有古韵哦，我看了一下价格，20 毫升，350 日元。虽说这是多年以前的物价，不过这么有古韵的商品，对应的居然是如此低廉的价格，当时真的令我吃了一惊。

我之所以这么说，是因为早在二十年前，我自己平时用于芳香疗法[1]的胡椒薄荷精油（萃取油），3 ~ 5 毫升的一小瓶，售价就已经高达 600 ~ 1000 日元了呢。

所谓薄荷油，指的是从薄荷的茎叶中萃取的精油，而所谓精油，需要大量原材料才能萃取出极少量，因此往往价格高昂。

与高级香水中所使用的从玫瑰、香橙等花朵中萃取的珍贵精油相比，从薄荷这种近似于杂草、生长极快的香草中萃取的精油，价格肯定更易令人接受。不过，正因为价格太便宜，我脑子里瞬间闪念："这薄荷油的质量不会有问题吧？"

1．芳香疗法：指从植物的花、叶、茎、枝、树脂等中萃取芳香成分制成精油，用于疾病或烧烫伤的治疗、美容等的技术。

但是，我仔仔细细地打量这个遮光瓶，它端庄古朴的样貌，让我无来由地深深信任。

"管他呢，先试试再说。要是这个跟预期相同，那可是意外的幸运哈！"

就这样，我急于要闻到瓶中薄荷油的香味儿，交完款，拿起棕色的包装纸袋，克制着内心的激动，匆匆赶回家去了。

我把手包甩在桌子上，从纸袋中取出薄荷油的小瓶。一再告诫自己不要这么急不可耐、别给弄洒了，然后用最慢的速度拧开了瓶盖。

要是吸气太猛的话，怕是要晕的哦！慢点儿，慢点儿……我调整好自己的呼吸，轻轻地把鼻子凑到瓶口上。闭上眼睛，哇——头脑里"唰"地一下，"天晴了"！哇啊，不愧是薄荷一族啊！要说有什么细微不同的话，那就是这精油中的甜味较淡，与胡椒薄荷、留兰香薄荷相比，散发着一种难以描述的敬肃清爽。

我再一次把小瓶握在手中，这次我没有凑到鼻子跟前，拿着瓶子的手大概停留在心口的高度，第二次、第三次，深呼吸。健康、明朗，如朝雾一般的芳香，扩散到我的整个胸腔。这感觉太棒啦！

这薄荷油不错，肯定没问题！我要用它取代我一直用的胡椒薄荷精油。不过，我该怎么用才好呢？一想到这些，我真难以抑制自己的兴奋之情，脑子里情不自禁地回响起莫扎特《土耳其进行曲》中最激荡人心的那段："哒哒当……哒哒哒哒……哒哒当！"

"薄荷属植物"的诸多功效和广泛用途

所谓"薄荷属植物"，是唇形科多年生草本植物的总称，据说全世界分布着好几十种薄荷属植物，"薄荷"就是其中之一。无论是哪个种类的薄荷，都具有唇形科共同的功效特点，而且自古以来，其用法也十分接近：采其茎叶直接或干燥后做茶饮或做药用。而从其茎叶中萃取的芳香成分即为精油（萃取油）。精油的用途是非常广泛的。

　　芳香治疗室经常用到的是西洋种薄荷——胡椒薄荷或留兰香薄荷。据说，当思虑过度或紧张忙碌后，头脑疲劳至极时，只需轻轻吸入薄荷精油的芳香，精油中的主要成分薄荷醇（胡椒薄荷）或香芹酮（留兰香薄荷）就能对大脑中枢神经发挥作用，从而实现瞬间驱除疲劳的功效，舒缓紧张或兴奋的情绪，令人感到愉悦。

　　其实，不仅限于薄荷，所有芳香气味都能在瞬间影响人的情绪、某个场合的空气和氛围，而且影响力之强大令人惊讶。

　　一个人满怀心事、紧锁双眉在街上走着走着，经过一家面包店时，恰好看到有暄腾的面包刚刚从烤炉里取出，那一瞬间不自觉地就露出了微笑；梅雨时节，踏入拥挤的电车车厢，闷热的空气中，人们的衣衫仿佛浸透了汗和尘土，还有发胶的气味混在一起，那一瞬间恨不得屏住呼吸……

　　在第二种情形下，如果随身带有一小瓶精油，只需拿出来、打开盖子，心情就会在瞬间被改变。把心情放松下来想一想，这世上除恶臭之外，竟然还有"芳香"

的存在，这真是万幸。真的要好好感谢上天！

薄荷属植物精油，从很早以前就常被用于缓解紧张性偏头痛、宿醉后头痛、恶心作呕或晕车晕船等。

虽然我很幸运没有头痛的毛病，但考虑到可用于其他情形而且非常方便，我在家里好几个地方都置备了薄荷油，而且外出的时候也会随身携带一个拇指大小的遮光瓶。

很多人会被香水浓烈的香味儿熏得直皱眉，但没人会讨厌天然薄荷属植物的香味儿，所以在公共场合使用也不用担心引致周围人的反感。

要想缓解感冒引致的头痛、咽痛、鼻塞等症状，可在热水中滴入薄荷油，让香味儿扩散到空气中，还可以将其制作成喷雾，用于房间除臭或使空气清新。

自从学到了如何活用胡椒薄荷精油，我就对使用后的舒爽感受上了瘾。再加上我的潜心研究，几年来，一些我以前经常购买的常备药、牙膏、衣物防虫剂等，都渐渐地从我的家里消失了踪影。

然而，虽然我希望胡椒薄荷精油能在更多的场合使用，但美中不足的是，归根到底它是一种芳香治疗剂，所以并不适合在日常家居中广泛使用，这不能不说是白玉微瑕。

我在前文提到的（日本种）薄荷油，能放心地大量使用，这一点确实令人满意。然而我带着钻研精神查了一些资料，发现日本种薄荷中的有效成分薄荷醇的含量，竟然高于胡椒薄荷。

更棒的是那句日本药局方提示的"可用于调制薄荷水"——也就是说，只要掌握好用量，这薄荷油甚至是可以入口的！

就在我从药局买到薄荷油的那天晚上，一收拾完晚餐餐桌，我就迫不及待地按照那个瓶子上提示的"薄荷水"，尝试制作了"含漱药水"。

从古书中考证来的"薄荷水"处方

可是，瓶身上并没有写明"薄荷水"的制作方法呀。

不过没关系，对这种事，我自有独门秘笈。

以前去夏威夷岛旅游的时候，在一家颇有山野情趣的古董店里发现了一本厚厚的古书，多达 1200 页的内容全都是药品、化妆品、日用品的调制方法，真是应有尽有。

这是一本专业书籍，是 20 世纪初全美国医院、药店的标配，历经多次改订。古董店老板说，这本书是他前不久从一家曾经于 20 世纪 20 年代到 30 年代开业、后来一直废弃的药店废墟里挖出来的。

他一开始是想看看废墟里会不会有什么古旧玻璃瓶、小器物之类的，后来挖出来了好多好多的药瓶什么的，同时还发现了这本书。

书的封面已经磨破了。扉页上，书籍最初的主人用钢笔写下了 1910 年 4 月 25 日的日期以及自己的名字。这是一本调制药剂的字典，因为恰是化学药品走红之前的年代，所以书中提到的制剂材料多为天然油、精油、药草、香草、矿物等。书中多处内容系援引欧洲几个主要国家的官方药典。

　　翻开书页，从中可以了解到那个年代人们的生活情形。看上去那时候，人们遇有感冒、肠胃不适之类的小毛病，几乎是不去镇上看医生的。如果是去稍大一些的城市的医院，那就意味着病情严重，已经危及生命了。

　　"薄荷水"，跟"薰衣草水（Lavender Water）""玫瑰水（Rose Water）"一样，同属于芳香蒸馏水[1]，在当时，常常被当作药品、身体护理用品、日用品的原料。

　　一位主妇来到社区药店，站在柜台前向店员描述："不知怎么，最近总是头痛，心情压抑，睡也睡不好。有没有什么药能让我神清气爽的？"

　　"发烧吗？嗓子痛吗？头痛，具体是哪个部位痛呢？"店员药剂师一边问，一边就已经伸手取下一瓶薄荷精油来。

---

1. 芳香蒸馏水：是将植物的花、叶、茎等进行蒸馏提取精油时的副产物，用植物冠名，称之为"×× Water"。其用途因植物特性而异。"薄荷水"往往应用于咽喉含漱药水、口腔清新漱口水，以及各种日用品，但不会像薰衣草或玫瑰那样只用本身一种原料制成化妆水。

也可能是这样的一番对话：

"这星期是我太太的生日。她平时做脸部护理，我看她总是用花园里的草煮的水之类的，所以我想是不是过生日这个月，给她买些好点儿的化妆水呢？"

"哦，是这样啊。您太太好像是喜欢玫瑰花，经常打理花园吧？其实，您要是真的想为她花一笔钱，可以买玫瑰水，任何肤质都适用。要是可以的话，明后天我就给您调制一瓶好的。"

以上关于玫瑰化妆水的对话是真事，这个故事发生在 20 世纪 30 年代。这位美国丈夫的太太的生日是 4 月，每年太太过生日和圣诞节时，他都会委托镇上的药店调制化妆水或香水，当作礼物送给太太。

这本书中提到的《德国药典》式的"医用、护理用玫瑰水（Rose Water）"制法如下：把 7 滴玫瑰精油加在 60 盎司（约 1.8 升）与人体同温的精制水中，迅速搅拌使之混合均匀，随即用过滤器过滤后即可——无须添加其他任何成分。

这个配方里使用的材料，与 1800 年前古希腊名医盖伦[1]在其著名的冷霜处方中使用的玫瑰水是一致的。

从古希腊、古罗马时代，直到上面这位太太生活的时代，玫瑰水配方的内容基本上没怎么变过。对这一点，我确实是有些惊讶的。

有点跑题了，言归正传：当年我收获的这本宝书，现在成了我的"在家配方游戏指南"。我常为了查一个什么处方打开它来，但每每被一些其他无关的内容吸引走了。我总是津津有味地读着，一边在头脑中想象着当年的相关情形或是干脆翻出其他书或地图，"大肆"查阅起来——到了最后，我已经沉浸在其中，完全忘了自己最初想要查询的内容，也忘记了时间。

有一次我想找"薄荷水"或与之功效相当的调剂配方，翻开这本书，结果，如愿发现了"胡椒薄荷水"和"留兰香薄荷水"的处方。

---

1. 盖伦：古希腊医生，最早对药用植物做出分类，植物医学奠基人。著名的冷霜是流传至今的最早的霜膏类配方制品之一，据说配方中就有根据他所开处方制成的玫瑰水。

而且还不止一种。既有利用胡椒薄荷叶制作的《德国药典》处方，也有《英国药典》处方："把30量滴[1]精油加入96盎司[2]水中，蒸馏至余64盎司。"貌似这是几个处方中，配方最为简单的一种。

这些配方原料中的精油，其中的很多种现在也已经能很容易地买到了，这一点与当年的情形早已大不相同，不过这并不影响这本书当年的"专业性"地位。这本书可不是家用民间偏方之类的"外婆的智慧"，而是当时供医院、药店使用的专业书。因此，书中记载的工具都是实验室用的正规用具，关于分量的标记也都严谨、清晰。

所以，书中多有"量滴""打兰"[3]之类我前所未闻的计量单位。将其换算成自己平时使用的计量单位时，就能了解到当时的人们基于经验制定的配方安全标准的红线在哪里了。

---

1. 在此书的出版地美国，液体容量（不是重量）单位的换算标准是：60量滴（minim）=1打兰（dram），8打兰=1盎司（ounce）=29.573ml。英国的换算数值与美国略有差异。

2. 同上。

3. 同上。

只要严格遵守安全标准，在这个大前提之下，其他的各种细节都可以在实践中摸索。自己认为适合在厨房调制的分量及方法、自己认为有疗效的某些偏好，只要能跟这个安全标准结合起来，找到平衡点，就好啦。

"薄荷水"的前身是"万能含漱药水"

如上所述，我们基本上就明白了，"薄荷水"这种液体其实是大量的水中含有极少量的薄荷油，少到只是使其具有薄荷的香味儿而已。同理，薰衣草、玫瑰、橘子等花的化妆水，应该也都是类似的制法制成的。

为了制作化妆水或是出于其他目的而在自家厨房里搞"蒸馏"，也是一件挺麻烦的事。所以通常我会采用这样的制法：把精油和水在玻璃瓶里充分混合，搁置至少8小时，再用咖啡滤纸过滤（量太大的时候，过滤的步骤也可省略）。

制定配方的时候，我会试着换算，根据换算的结果决定是否省略蒸馏的步骤，并充分考虑日本种薄荷与书中配方所使用的西洋种薄荷所含有效成分量的差异，从安全第一的角度反复提醒自己"浓度不可过高"。

具体做法：在一个空玻璃瓶中加入 1 滴薄荷油、半杯（100ml）温水，盖上盖子。如果水温过低，精油与水很难混合。上下摇动玻璃瓶，观察到瓶中的水变微白后，再加入半杯水，用力摇匀。

等不及了，含了一口在嘴里，一股苦涩的辣味在嘴里扩散开来，我差点被这超出预想的刺激的味道吓着了。我本打算做得淡一些的呀！看来还是不能偷懒，过滤一下比较好。我一边这样想着，一边用嘴里的薄荷水缓缓地漱了口，吐掉了。随后，我静下心来仔细确认口腔中的余味。一种爽快淋漓的感觉在心中回荡，就好像站在一条激流直下的瀑布旁，沐浴在飞溅的细小水沫中。

我叫来丈夫，让他也来尝尝——结果，他不仅漱口还漱喉，还说以后要对这种刺激感产生依赖了。我一度很担心药水中的苦味，至少小孩子恐怕是接受不了的，但我的丈夫说他完全没问题。

　　那么，是不是所有的成年人都没问题呢？会不会是偶然的情况，我丈夫这个人对苦味比较迟钝呢？当时，我的头脑里有这样的念头一闪而过。后来我才知道，在实际生活中，有不少成年人对这种甜度为零、刺激性强的味道都很喜欢呢。

　　如果希望薄荷水口感再温和一些，但又犹豫是不是需要用咖啡滤纸时，可以采用放置一整夜的办法，这样口感会变得柔和许多。我家的薄荷水是用最简单的制法制作的，几乎从来不进行更多的加工。但读者们完全可以根据个人喜好，先静置一夜后，再用滤纸过滤一下，这样双保险的方式也是没问题的。

　　在那之前，我家已自制过几种口腔清新水，但这款薄荷水一诞生，就成了全家的新宠。而且，把薄荷水含在口中，不仅能杀灭口腔中的细菌，还有助于餐后消化。每次含漱的量 50 ～ 100ml 就足够。

　　觉得自己有点儿吃多了的时候，用这款薄荷水漱口或漱喉，马上就能感觉到轻松爽快，真是立竿见影。而且因为薄荷醇有助消化的作用，漱到最后一两口的时候不要吐掉，喝下去也没关系的。我认识的一个人，每天都在有盖容器内装入一两次含漱用量的薄荷水，与便当盒一起带着上班去。

自从开始把薄荷水当作含漱药水之后，发现它对缓解咽痛也有不错的效果。我现在基本上是离不开它了。

有时候，端着薄荷水漱口的时候，我忍不住就会感叹"太不可思议了……"——仅用1滴薄荷油，就能让水变成万能含漱药水，这简直就是魔术啊！

而这本由古董店老板从夏威夷岛的废弃房子下面挖出来、由我万里迢迢背回家的、破旧而沉甸甸的药店制剂药典，实际上就是一本揭秘魔术的书啊！

在英国，同类型的书其实早在几百年前就有了。只不过，在17世纪中叶之前，这类书籍都以法文写成，一般民众无法阅读。后来，这类书以普通人也能读懂的英文出版，在当时真是一件大事。[1]

---

1. 当时，英国药草学者、医生、占星师尼古拉斯·卡尔佩珀（Nicholas Culpeper）提出，应把仅有少数人了解的医疗信息开放给所有有阅读能力的人。基于此想法，《伦敦药典》才第一次从法文翻译成了英文。

为什么要这样说呢？因为，这类书里也有许多"魔术教程"，普通人读了以后也能立刻"表演"魔术。

好了，不想这些啦，只想想这 1 滴薄荷油吧！今天，它又将助我迎来口气清新的早晨。

配方

薄荷水

材料和工具
★薄荷油　1 滴
★水（非冰水）　1 杯（200ml）
★有盖容器（玻璃细口瓶、玻璃储物瓶等，容量大于
　750ml）

制法和用法
① 在容器内加入一半量的水（100ml）及薄荷油。
② 盖好盖子，上下用力摇动 20 次左右。
③ 加入余下的水，继续摇动。

★每次用量 50~100ml，可用于漱口、漱喉。最后一
　两口也可吞咽。

功效
　　餐后清新口腔、预防胃胀。缓解口腔溃疡、感
冒导致的咽痛。

第 1 章

用薄荷油护理身体，
居家外出两相宜

1. 口袋薄荷——便携薄荷油

薄荷有一个别名叫"醒神草"。

疲劳或是注意力涣散、大脑运转迟钝的时候，如果能拿出一瓶薄荷油，深深地吸入它迷人的芳香，那情况立刻就会不一样的。

感觉自己晕车、晕船或是预感到"糟了！头要开始痛了"时，手边如果有一瓶薄荷油的话，会起大作用。

有的人可能会担心，既然薄荷被称为"醒神草"，那如果在就寝前嗅入薄荷油的香味儿，会不会兴奋得难以入睡呢？当然不会。

薄荷的镇静作用指的是它能安定杂乱的情绪，从而帮助头脑恢复清醒，缓解身心的紧张与疲劳。

也就是说，当我们想要以清爽的心情愉快工作的时候，薄荷油是我们的好帮手；不仅如此，当我们在起居室、卧室里放松休息之后，想要舒舒服服地入眠的时候，薄荷油也不会跟我们唱反调。

当疲劳或负面情绪在身心中聚积，那感觉仿佛前行的道路上阴云密布。这种时候，我们可以用薄荷油来召唤晴空，让心情一瞬间从阴转晴。为此，要准备一些"需要的时候一伸手就能拿到"的薄荷油，也就是"口袋薄荷（便携薄荷油）"。

从药店买回来的瓶装薄荷油，对于随身携带来说，量太多，瓶子也太大，而且打开盖子用的时候很容易洒出来，总而言之用起来很不方便。而如果把它分装在小的精油瓶中，能按"滴"来使用，就方便得多了。

在"芳香疗法工作室"之类的店铺里，能买到带滴口的遮光玻璃精油瓶。我建议买几个 5ml 容量的备用。[1]

---

1. 精油瓶除 5ml 外，也有 10ml、30ml 装的。外出携带时小号的比较方便，可按用途区分使用。

这种滴口瓶，就算开着盖不小心碰倒了也不会洒，而且无需滴管，只需倾倒瓶身就可准确地倒出 1 滴（0.5ml）精油，非常便利。

居家的话，可以在厨房、洗手间、玄关分别放置一瓶，这样需要的时候立刻就能拿到。此外，还可准备一瓶专用于外出携带的，置于外出手包内。另外，旅行化妆包里不妨也常备一瓶。

"口袋薄荷"的用途非常广，可以随身携带，所以我在这本书里介绍的多数配方都是在外出时也能轻松使用的。

说到最简单的用法，无论是在公司上班或是在电车里，还是走在路上，其实最简单的用法都是：打开盖子，安安静静地吸入它的香味儿。

薄荷在很早以前就被当作吸入治疗的药剂使用，可用于治疗头痛、恶心、消化不良、鼻塞、晕车晕船、抑郁、感冒等，并因其具有抗菌特性，还可用于预防流感。

如果用现代语言来解释薄荷的药理，可以这样说：患者吸入薄荷的香气时，其有效成分会经过鼻或咽喉黏膜、肺部毛细血管进入人体，在整个人体中缓慢循环。

午饭后，当睡魔袭来时，打开盖子深吸一口，就能促进消化、提神醒脑。

不过，在众人面前，从包里拿出一个药瓶，凑到鼻子上深吸一口——怎么看怎么都会觉得怪吧？为了避免成为那个被众人瞩目的怪人，同时也为避免被人认为行事过于夸张，最好是悄悄地把瓶子攥在手里，完全不让别人看到。所以我说 5ml 左右的小瓶是最好的。

当然，即便我非常小心，也还是有眼尖的人看到，然后好奇地追问："您拿的是什么呀？"我的回答往往是："是薄荷油。您也试试吧？"

被"劝"的人的反应往往是又好奇、又有点紧张地把瓶子凑到鼻尖闻味儿，然后大叫起来："哇，真好闻！"我至今还没有遇到过闻了以后流露出难以接受的表情或者是不屑一顾的人。要知道，并非所有的精油都能如此广受喜爱，这正是"薄荷"的伟大之处。

过去的这些年里，从我的包里愉快地跳出来，然后不知云游去了谁那里的薄荷油，已经有大约 20 瓶了。

配方!

口袋薄荷——便携薄荷油

材料和工具
★薄荷油　5ml
★带滴管精油瓶（5ml）　1个

制法和用法
① 把薄荷油注入精油瓶中，把盖子盖严。

- -

★需要时，打开盖子，轻轻地吸入2～3次，注意不要被呛到。

★如果长期持续吸入，刺激累积，则不利于健康。芳香疗法的原则是自身感觉舒适，应避免极端持续吸入。

功效
　　能缓解头痛、恶心、消化不良、鼻塞、晕车晕船。心情压抑时能缓解抑郁。有抗菌功效，故可用于预防流感。

2. 薄荷口腔清新剂

在外面餐厅吃饭时，我总是想，饭后要是能在洗手间里刷牙、漱口，又没人注意就好了。但我也知道，这并不是任何时候都能实现的愿望。

所以，当我在餐厅里吃饭，一想到"哎哟，等会儿可没法刷牙！"时，就会从包里取出按配方 1 制作的"口袋薄荷"，往自己的水杯里滴上一滴。

务必牢记：只需一滴。

然后，用自己的吸管或汤匙，轻轻地搅拌，直到那滴精油与水很好地混合在一起（如果餐厅只提供冰水，可以询问他们是否有不加冰的冷水。其实所有的精油都很难与冰水混合，不单是薄荷油）。

我只要不动声色地坐在座位上，慢慢地把杯中的"薄荷水"啜入口中，分两三次咽下，就能清洁口腔、牙龈和牙冠，达到清新口气的效果。

当然，如果毫无顾忌、不遮掩地做出漱口的动作、发出声音，无异于告诉所有人"我在漱口哦"，这恐怕要招来周围人的白眼的。所以含漱的时候，必须面带微笑、若无其事，千万别让大家看出来才好。

不过，即便再小心，从包里取出精油瓶的时候，周围的人看见的话，还是会问："这是什么呀？"这时候我就会"如此这般"地向大家简单讲解一下薄荷的功效。

基本上，听了我的讲解后，一桌子的人都会对薄荷油产生浓厚的兴趣，接着就开始传看这个瓶子，而且尝试着往自己的水杯里倒上一滴……总之，到了最后，这桌人看上去都不大正常。

如果餐桌上没有普通的水，而是矿泉水或苏打水等无甜味的碳酸水，也是可以制成薄荷水的。而且因为碳酸水助消化，含漱的效果会更佳。

带气泡的水真的是很厉害的。它能舒缓胃部不适，而且还有其他功效。如果用作含漱药水，由于碳酸水具有发泡功能，它能把口腔每个角落都清理得干干净净，并能强力去除齿垢。所以含漱之后，牙齿表面会光洁得令人吃惊。

气泡水的这一功效早已被我的亲身体验证实——有一次，在美国西部沙漠自驾露营活动中，有两天时间我没有刷牙，全靠碳酸水漱口度过，完全没问题。

薄荷的成分能透过皮肤及黏膜，促进血循环和新陈代谢。正因为如此，它能使肠胃更好地完成消化工作，但如果摄入过量，口腔中会感觉冰凉，嘴唇也会感到火辣辣的。

为了不摄入过量，应掌握薄荷油的安全用量：一杯水（通常 200ml 左右）中，只需滴入不多不少的 1 滴，再耐心地搅匀后使用。

如果没有控制好，不小心连续滴入了 2 滴怎么办呢？很简单，加水稀释就可以。

如果已经无法稀释怎么办呢？遇到这种情况，只能尽量地搅匀再使用。

顺带说一下，如果不是用于外出，而是用作日常居家用的喉咙含漱药水或是口腔清新剂的话，如何去除孩子们不喜欢的薄荷的辣味和苦味呢？我们可以添加少量从药局买来的植物性甘油（丙三醇）[1]，搅匀，就可以使用了。注意 50ml 薄荷水中添加甘油的参考量为 1 小匙。

甘油能清除口腔中的油性污垢，本就是常添加于牙膏中的天然甜味剂。即使吞下少量也完全没问题，不用担心噢。

---

1. 植物性甘油是植物皂时的副产物，多来自棕榈油或椰子油，除用作化妆品保湿剂外，还用作牙膏甜味剂、润滑剂，是 DIY 身体护理用品的基本材料之一。药店有售。购买时，应注意与原材料为石油的矿物性甘油加以区分。

配方2-1

薄荷口腔清新剂

材料和工具

★薄荷油 1 滴

★水（非冰水）或碳酸水（非冰镇的） 200ml

制法和用法

① 在 1 玻璃杯水（或碳酸水）中滴入 1 滴薄荷油，迅速搅拌均匀。

★需要时，慢慢地啜入口中，分两三次咽下（如果是在洗手间中，可含漱后吐掉）。

功效

餐后清新口气、预防胃胀。缓解口腔溃疡或感冒引致的咽痛。清洁牙齿和牙龈，清洁口腔，抗菌。

儿童用薄荷口腔清新剂

材料和工具

★薄荷油　1 滴

★水（非冰水）或碳酸水（非冰镇的）　200ml

★植物性甘油　4 小匙（20ml）

★带盖容器（玻璃细口瓶、玻璃储物瓶等，容量大于 750ml）

制法和用法

① 将甘油注入容器中，再加入薄荷油。

② 把完成步骤①的容器拿在手中横向摇动，使两种油充分混合。

③ 把一半量的水（100ml）注入容器中，盖好盖子，用力上下摇动约 20 次。

④ 加入余下的一半水，再用力摇动。

★需要时，每次使用 50ml 左右用于含漱。最后一口可吞下。

功效

　　餐后清新口气、预防胃胀。缓解口腔溃疡或感冒引致的咽痛。清洁牙齿和牙龈，清洁口腔，抗菌。

3. 薄荷棉球

　　怎样才能随时闻到薄荷的香味儿呢？或者，怎样才能让自己的身体散发薄荷的芳香呢？最简单的方法恐怕就是这个：在棉球上滴几滴薄荷油，使之浸透，制成薄荷棉球。

　　在最早开始用薄荷油的一段时间里，我总是会随身携带"口袋薄荷"（见配方 1）。在外时，我会拿出精油瓶直接凑到鼻尖嗅。

　　但总有人问我："您手里拿的是什么？"被问得多了，我就开始考虑，有没有更低调、更不引人注目的方式呢？我潜心琢磨，得出的结论就是：薄荷棉球。

　　在圆形化妆棉球上滴四五滴薄荷油，将其装在上衣胸部口袋里，这是最早的办法，效果确实很不错。但问题是，并不是所有的上衣胸部都有口袋。

所以我就试着用两个棉球，每个上滴两三滴薄荷油，放在内衣里，左右各一个。

没想到，效果出奇的好！我的体温让薄荷油的香味儿慢慢地散发出来，嗅觉效果接近于"清爽型芳香剂"。我甚至从中感受到了一点"香水"的感觉。

同样是薄荷油，我只是把香味儿散发的方式改变了一点而已，它就摇身一变成了另外一种物质，这梦幻般的变身，实在令我大开眼界。

就这样，一整天，我的体温让薄荷油的香味儿悠悠地散发，令我沉醉。

的确，与香水的香调相比，薄荷油的香味儿非常单纯，没有复合感。

但换个角度说，这种纯净的香味儿犹如清水出芙蓉，比起那些人们常用的二流香水，其实更高明。

"香味儿"是一种奇妙的东西，当它与不同的TPO

［Time（时间）、Place（地点）、Occasion（场景）］配合时，能向周围的人传递"想做这样的自己"的个性化氛围，我们完全可以将其理解为一种化妆品。但有趣的是，身居药店的薄荷油竟然也具有这样的"化妆"效果，而且效果还不错！

　　在职场，这种感觉会尤其强烈。在中午同事聚餐等场合，薄荷的香味儿也不会造成众人的困扰。几乎所有的人都能接受薄荷的香味儿，这一点是关键。

　　要知道，薄荷的香味儿是男女通用的所谓中性香型。而日本种薄荷，其香型会因具体产地的不同略有差异，在选购时注意对比、选择自己喜爱的香型，这也是一种乐趣。如果购买薄荷油的目的是用于替代香水，那就不要买用于制作膏药的那类香型，不妨选购略带甘甜华丽香型的，比如印度产的。

　　要注意的是，薄荷油原液如果不经稀释直接用于皮肤，有的使用者会出现皮肤过敏现象。如果直接对着人喷洒，虽然香味儿也能渗透到衣服布料里，但如上文所说，还是制成棉球来用，才是最方便、安全的。

把薄荷棉球置于文胸内时，应注意不要让浸透了薄荷油的部位直接接触皮肤。根据内衣形状的不同，也可用方形的棉片代替圆形棉球，因为棉片会更服帖一些。

用薄荷油制成上述"薄荷棉球"之后，不仅可以置于内衣中，也可以用手帕包裹起来使用。

可以用裹有薄荷棉球的手帕擦拭额头或太阳穴的汗水，也可以将其凑在口鼻处深呼吸。这时，薄荷醇就会大量进入肺部。

如果不巧手边没有棉球、棉片，还可以用几张纸巾折叠起来使用。香气挥发、浓度下降后，可以随时补充，用一天下来后再扔掉，也不会觉得可惜。

对有的人来说，薄荷油的香味儿能使他们全身舒缓、充分放松，更易安睡。如果是狂热的、连睡梦中都恨不得包裹在薄荷香味儿里的"薄荷迷"的话，完全可以在枕套里、枕头下放置薄荷棉球。

不过要注意的是，也有的人是一闻到薄荷油的香味儿就立刻睡意全无的类型哦。对此，可用具镇静效果的薰衣草精油与薄荷油按 1 ∶ 1 的比例混合使用，多数情况下就不会有问题了。慎重起见，在那些需务必保障充足睡眠的重要夜晚，在选择入睡精油时，从未尝试过薄荷油的人，最好就不要冒险了。

　　总之，无论何时何地，只要有薄荷棉球，即使手边没有香熏瓶[1]和芳香喷雾机[2]，也能享受到"薄荷芳香疗法"。

　　还可以把薄荷棉球放在小碟子上，置于办公室桌上。在工作间隙想要休息一下时，可以做这样一个小手工——把手感柔和的无漂白有机棉片一点一点撕成碎块使之成蓬松的棉球。随着双手的活动，紧张的工作情绪不觉放松下来。挑一个好看的小碟，把"撕"出来的、可爱蓬松的棉球放在小碟上，再滴上薄荷油。

　　说来也真够神奇的，只要一看到这清纯可爱的棉球，心就会沉静下来。

1．用于精油挥发，使其香气向空中扩散的芳香疗法工具。

2．同上。

配方3

薄荷棉球

材料和工具

★薄荷油　2～6滴

★棉球　1个

制法和用法

① 将薄荷油滴在棉球中心。

★夹在衣服或内衣的隐秘部位（使其在体温作用下
　缓慢挥发），过程中应注意避免薄荷油直接与皮肤
　接触。

★或用手帕包裹后触拭额头、太阳穴、口鼻处，吸入
　香味儿。

★将薄荷棉球置于小碟中，放在身边，吸入香味儿。

功效

　　身心疲劳时、精神抑郁时、紧张时，可放松心
情。工作中、驾车时使用，可提神醒脑，另可缓和
晕车晕船、紧张性头痛、恶心、鼻塞等，还可预防
感冒。

4. 薄荷湿巾——纸毛巾

　　本篇中的配方，源于几年前禁止携带液体乘坐飞机的规定出台。

　　机舱内是非常干燥的。如果不采取任何预防措施，在长时间飞行的国际航班上，几个小时后，脸和手部皮肤就会干燥得惨不忍睹了。对此，以前我采取的预防措施是把事先做好的薰衣草或玫瑰芳香水，装入带有喷雾嘴的瓶里随身携带上飞机，以便随时用于滋润皮肤。但是禁止携带液体登机后，我的这个办法就没有用武之地了。

　　机舱内的干燥对皮肤来说是严苛的，而且乘飞机又不比乘坐火车和船，后两者能欣赏窗外的景色，而飞机

的旅程却是漫长而单调的。在这样的环境中，乘坐者的
情绪也是必须要呵护的。带有典雅花香的润肤水，曾是
我唯一的寄托。如果没有了这个法宝，一想到自己要在
昏暗狭窄、空气流通不畅的空间里禁闭 10 个小时以上，
前方的天空顿时就被阴云笼罩了。

　　唉，这可怎么办呢……出发前一天，我洗完了盘子，
一边冥思苦想，一边拿抹布擦去橱柜台面上的水滴。就
在这时，头脑里突然有了一个好主意！

　　直接带液体不行，那要是把液体变成固体呢？

　　比如湿纸巾，虽然含有液体，是湿的，但并未出现
在禁止物品名单里呀。

　　我立刻行动起来。把厨房纸巾折成合适的大小（大
概对折 8 次），装进一个带封口的塑料袋里，一袋 12 张。
接着，把平时当化妆水用的自制薰衣草芳香水约 100ml
灌进袋里，再把袋口封好。

　　隔着袋子就能看见，芳香水被折叠的纸巾很快吸收了，
装着它们的塑料袋也变薄了，变成了一包折叠湿纸巾。

　　而且更让我开心的是，原来的化妆瓶装进小包里总

是来回滚动。相比之下，现在的这包湿纸巾就"老实"多了，看上去更方便携带呢。

我心情大好，紧接着做了一包我丈夫专用的剃须水湿纸巾和一包擦手用湿纸巾。

然后乘胜追击，又做了一包玫瑰化妆水湿纸巾。

300ml 的各种水，转眼间就变成了湿纸巾，干净利落地收纳完毕了！

这可真是太好用了，不仅可用于擦手，还可以用来随手擦拭其他地方。比如条件有限、不方便洗脸的时候，可以用一张湿纸巾来"洗"脸。而且，接着再抽出一张，拧出水来，就可以当作化妆水来拍脸润肤。我甚至想，自己以前外出旅行都是带着瓶装化妆水，那时候怎么就没想到这么好的办法呢？

还有一件事是我没胆量尝试，但我的一位朋友说她曾经挑战过的：用一整张上述化妆水湿纸巾敷在脸上，就这样坐在车里睡觉——真是一位女汉子！据其人反映：效果很好！

所以说，用薄荷油制成的湿纸巾，又方便又舒爽，在徒步、野炊的时候使用，真是再合适不过了。[1]

　　由于薄荷油具有抗菌作用，可用于食用盒饭之前擦手，以及用于擦拭掉在地上的筷子等。

　　只需动一动手，空气中就飘散着薄荷的香气，令人神清气爽。

　　市售湿纸巾中，大多含有酒精、合成抗菌剂、防腐剂等添加物，我用其擦手后常常感觉手部皮肤变得干燥。而如果使用我自制的湿纸巾呢？为了使薄荷油溶解于水，我使用的是植物性甘油，而恰恰它可以起到保湿的作用，使用之后感觉皮肤非常滋润。

　　不仅薄荷油如此，我使用其他精油自制润肤水时，虽然没有添加防腐剂，但由于精油自身具有抗菌作用，只需将其装入瓶中就能在室温下保存一个月。要注意的是，自制袋装湿纸巾与瓶装润肤水的情况不太一样，从袋中取出纸巾的时候，无论如何都要用手碰触，所以很

---

1. 薄荷水不仅可以用来制作湿纸巾，还可以直接用于手部消毒或喷洒。具体用法是将其装入带有喷雾嘴的瓶中使用。由于薄荷醇具有一定的刺激性，通常不将其当作化妆水直接使用。

容易混入各类细菌。话又说回来了，如果只是三四天的话，基本上是不用担心它会变质的。

我家的"防灾应急包"里，一直都有薄荷油小瓶的一席之地。自从我学会制作薄荷油配方的湿纸巾后，防灾应急包里就又增加了好几个专用封口袋。——起因是上文提到的那位女汉子朋友在电话里豪迈地告诉我："这款薄荷油纸巾，外出旅行，遇到特殊情况的时候，用来擦屁屁也特好用呢！"

说起来，我与薄荷油的邂逅已近二十年，但我敢说，这薄荷油的小瓶中，一定还潜藏着无穷无尽的神奇功效，能带给我更多的惊喜。

配方4

薄荷湿巾——纸毛巾

材料和工具

★薄荷油　2滴

★水　100ml

★植物性甘油　1/2小匙

★厨房用纸（纸毛巾）　10～15张

★塑料封口袋　1个

★带盖容器（玻璃细口瓶、玻璃储物瓶等，容量大于
　750ml）

※如欲制作薰衣草化妆水，只需将上述2滴薄荷油
　改为5滴薰衣草油即可。

※如欲制作玫瑰化妆水，只需将上述2滴薄荷油改
　为1滴玫瑰油即可。

功效

　　抗菌、清洁、保湿。身心疲劳时、精神抑郁时、
紧张时，用纸毛巾擦拭面部手部，可放松心情。

制法和用法

① 将植物性甘油注入容器中，再滴入薄荷油。

② 把完成步骤①的容器拿在手中横向摇动，使两种油充分混合。

③ 向完成步骤②的容器中加入一半量的水（50ml），盖好盖子，用力上下摇动约 20 次。

④ 加入余下的一半水，再用力摇动，即可制成薄荷润肤水。

⑤ 将 10 ～ 15 张厨房用纸（根据单张纸巾的厚度和面积适当调整用量）分别叠成适用大小。

⑥ 将折叠好的厨房用纸装进塑料封口袋内，向袋内倒入④，封好口。

⑦ 轻轻按压，使袋内的润肤水全部被折叠纸巾吸收。

★根据需要取用，每次一张，当湿纸巾，例如擦手等。

5. 薄荷口罩

最近，我得知了一件真的很令我吃惊的事。

"人类从自然环境中摄取的危害人类健康的化学物质，其中83%来自空气（经由肺）。"与此同时，"摄取自食品的是7%，饮品的是8%"。[1]

得知这组数据后，我重新思考的结论是：比起"重视食品和水"的意识来，我们对"干净的空气对保持健康的重要性"的意识，实在是太薄弱了。究其原因，大概是因为空气与食品和水不同，用肉眼是看不见的。

然而，就算我们知道了这一点，要想控制空气的质量，其难度可远远超过食品和水。所以，至少口罩还是

---

1. 村上周三：《从工学观点看住宅与人体》，摘自《临床环境医学》第九卷第2册，第49页。

要戴的。

呼吸什么样的空气，我们几乎无法选择。但有些时候，如果我们不戴口罩、不紧闭门窗，那就相当于在这83%的敌人面前放下了武器。

空中有随风飞舞着的沙尘、排放的各种废气、花粉、病毒、放射性微粒[1]……空气世界也真是处处暗藏杀机啊！

现在，我外出戴口罩的时候比以前更多了。

不能随时随意地深呼吸，这件事想一想就觉得好悲哀。

然而，悲叹是毫无意义的。设法采取一些对策，就能让自己好过一些，哪怕只是一点点。但是如果什么都用一次性的话，又感到不够环保，心生内疚。

所以我一开始想的是，用麻或棉制成皮肤触感良好、形状也跟面部服帖的口罩，使用后可以洗干净再用。而且我想，虽然这种口罩看上去卖相不是很好，但是是我自己用心做的，所以用起来应该也是很可爱的。

---

1. 放射性物质的微小碎片或遇放射性物质结合为一体的粉尘、灰尘等。

但就在这时，我认识的一位医生拦住了我："慢着，您先等等。"

"您要做的这个口罩，要阻挡的是那些眼睛看不见的污染物，而这类污染物一旦进入纤维，那么用洗衣机或手洗是很难洗干净的，普通的衣服也就罢了。洗衣服的目的主要是洗掉眼睛看到的污垢，可您这是要直接罩在口鼻上使用的口罩呀！您要是真的想让它成为阻挡微小颗粒和细菌的卫士，那么用完就剪破、扔掉才是。即使是我们的医用口罩，也从来不会手洗后再次使用的。"

……额，还真是啊。

就这样，在经历了数次失败的尝试之后，最终我采纳了医生的意见，放弃了自制口罩的打算，转而决定从市面上购买无纺布口罩。

不过，无纺布口罩一旦戴上，总觉得有一股医院的味儿，这种体验实在是不舒爽。我忍了一阵子，但始终没法接受。

在这困惑的时刻，我想到了自己最信赖的薄荷油。我用薄荷油给口罩熏香之后再使用，呼吸之间，不仅薄荷的清凉感令我神清气爽，而且由于薄荷醇的存在，还使这口罩具有了抗菌作用。真是一举两得。

把浸透了薄荷油的棉球放在塑料封口袋内 [1]，这就形成了一个香味儿充溢的小小密闭空间。只需把口罩装进这个密封袋里放置一个小时，香味儿自然就会渗透到口罩里。当然，如果能放置更长时间，比如一天以上，让薄荷的香味儿渗透得更深入，用起来感觉会更好。

经过这样"香熏"处理之后的口罩，比起之前的单纯无纺布口罩，使用时的安心感也会大幅度提升。

薄荷油还具有舒缓放松的功效。戴着口罩，呼吸着这样的香味儿，就连坐在电车中打瞌睡也变成一件放松而愉快的事了。把单个口罩放在密封袋内，随身携带外出的时候，无论去哪里，我都感到自己是全副武装，心中有不惧一切的勇气。

口罩不仅能对付灰尘和感冒病毒，还有一个特别功效，那就是对抗干燥空气。

---

1. 如想一次多做些存放使用，也可使用可密封的罐状容器。

刚开始使用薄荷口罩时，因为实在是太喜欢那舒爽的感觉，所以有一天，尽管我并没有感冒，也忍不住戴着它睡了一整夜，想看看到底会有怎样的效果。

当时天气还很冷，口罩保温效果不错，我感觉比平时暖和——暖和的程度大约是加盖了一条薄的纱布被。

平时醒来的时候，我常常会觉得嗓子发干，一睁眼就想喝水漱口润喉咙，但这天起床的时候，我整个喉咙都感觉很舒服。

而最让我震惊的是看镜子里的自己时，我简直不敢相信自己的眼睛，面部的皮肤变得非常滋润、充满光泽。我用手摸了摸脸，情不自禁地大叫起来"哇——"。

我只是戴了口罩睡觉而已啊，却达到了这么棒的美容护理功效！

从眼睛下面到下巴被一个大口罩包裹得严严实实，睡着后，这样一个形象实在跟优雅二字相去甚远，甚至还有点儿吓人。或者说，就算没到吓人的程度，至少也是有点怪怪的。

为了不让那个形象讨人嫌，我不得不比家人晚睡早起，可是，看着镜子里的自己，我默默地对自己说："偶一为之，还是值得的！"

从那之后到今天，时间已经又过去了好几年。

觉得"好像要感冒"的时候，无论是我还是家人，都会毫不犹豫地戴上薄荷口罩再就寝。

只要是跟我同过寝室的人，到了最后也都清一色地戴上薄荷口罩睡觉。

起床时，喉咙、面部皮肤都感觉舒爽，为了这个，往往又会情不自禁地连着戴几天。

我已经好几年没有在冬天得过感冒了，这都是睡觉时戴了薄荷口罩的功劳啊！

放弃了优雅的睡姿，但收获多多。

这是一个全家人都能接受的配方。

配方5

薄荷口罩

材料和工具

★薄荷油　5滴

★脱脂棉（化妆棉片也可以）　1片

★市售无纺布口罩　10个

★较大的塑料封口袋　1个

制法和用法

① 将薄荷油滴在脱脂棉上，装入塑料封口袋中。

② 将无纺布口罩整理平整，装入袋中，注意避免含有薄荷油的脱脂棉与口罩内侧（接触面部皮肤的一面）直接接触。

③ 轻轻向袋内充气，使袋身略鼓起来后，封好封口。

★搁置1小时以上，待薄荷油的香味儿渗透到口罩中后，就可取出使用。

功效

防灰尘、废气，防止咽喉及面部干燥。抗菌、保湿，预防感冒。

6.防感冒薄荷熏蒸

炎热的夏天，戴口罩是一件痛苦的事。

就算是按配方 5 用薄荷油熏了香的、有薄荷清凉感的口罩，在闷热的梅雨时节或是酷热的盛夏时，戴在脸上也实在需要极大的勇气。

也许就是因为这个缘故，在我家夏季咽喉和鼻子"报警"频率大大高于冬季。这时，"防感冒薄荷熏蒸"就该登场发挥作用了。

具体说，当嗓子里有异物感或有点疼，或者是鼻子有点塞，自己感觉"是不是要感冒？"的时候，我和家人就会把熏蒸当作防止症状进一步恶化的常规护理方法。

回家洗漱后、就寝前，全身放松地躺在沙发上或床上，深呼吸薄荷的香味儿，不仅嗓子觉得舒服，心情也会随之放松。

具体做法很简单。

首先，烧开一壶水。把沸水倒入马克杯等稳定性好的容器中。滴入 3 滴薄荷油，准备工作已经就绪，接下来要做的就是找一个让自己放松的姿势。

缓慢吐气，注意避免热水洒出。接着端起杯子凑近面部，向着杯中飘出的水蒸气张开嘴，缓慢地、一点一点地吸入。

如果大口猛吸，热的水蒸气可能会灼伤气管，一定要小心。

如果觉得眼睛很疲劳，还可以用杯中的水蒸气轻轻地掠过眼部，会感觉特别舒服。但是也可能出现眼部不适的情况，这时应及时闭上眼睛，调整杯口与面部的距离，只熏蒸咽喉和鼻腔。

精油能达到的效果因人而异，即使同一个人，在身体状况不同的时候，效果也会有变化。如果咽痛、鼻塞的严重程度不同，那么"合适"的吸入量、杯口与面部的距离、熏蒸时间也都各异。

所以，各人应各自找到适合自己的度和量。水蒸气不需要用力吸，也会自然蒸腾上来，只要先张开嘴来试试就好了。

我在给这一熏蒸法命名时用上了"防治感冒"几个字，其实它不仅可用于感冒，也适用于一切原因所致的咽喉不适、疼痛。空气污染严重的日子，从外面回到家里，嗓子里有异物感的时候，立刻就要做一个薄荷熏蒸。

薄荷的香味儿从两手端着的杯子里升腾而起，一杯沸水在这香气里逐渐变冷，我的全身也都在这个过程中放松下来。

虽然只是 5 分钟，但在这 5 分钟里，我所有的注意力都集中在自己的呼吸和杯中的水蒸气上，身体和神经就这样获得了休憩。

如果感冒的初期症状已经从咽喉发展到了胸部，已经开始咳嗽了，那就在薄荷油之外，再添加 3 滴桉树精油，用这个新配方来熏蒸。呼吸时应略用力些，把精油的香气吸入肺部，但应注意不要被热蒸气灼伤气管。如果某一天去了比平时空气质量恶劣许多的地方，我往往会用添加了桉树精油的薄荷熏蒸。

薄荷与桉树的精油混合起来，据说能保护人体黏膜不被因居室内粉尘引致的空气污染伤害，还能减轻花粉症的症状。

熏蒸法虽然简单，但给人以清洗肺腑之感，熏蒸之后总是能够安然入睡。用与不用，区别真的太大了。

熏蒸时有两个要领：首先是要避开杯子深深地吐气，这一点非常重要；其次是要从杯口边缘的外围一点点地吸入薄荷香气。

我常常在家里全身心放松地乐享薄荷熏蒸，而我一位同事则常常在办公室里做。她的办公桌上总是升起薄荷香味儿的水蒸气。

当然不是一边工作一边端着杯子熏蒸，而是偶尔从座位上站起来时，顺便把杯子里的水拿到微波炉里热一下，水热了，再滴入薄荷油。办公室里的空气又混浊、又干燥……桌子上摆一杯这个，神清气爽，心情也会好很多。

这么说吧——我觉得，只要养成好的习惯，平时稍微多花一点心思关注自己的身体和心情，基本上就不会得什么严重的感冒。

我回想了一下，自己感觉到被恶性感冒侵扰的时刻，往往就是没有及时采用那短短的 5 分钟薄荷熏蒸，身体也倦怠、头脑也昏沉的时刻。

当我日渐成为善用杯子与薄荷油的熏蒸达人，在有条不紊的日常生活中就可以机智灵敏地抓住那"关键的 5 分钟"，把感冒消灭在萌芽的时候，那种满足感真是无以言表。

那种心情，好比柔道场上击败对手时，为自己大喊一声"有技！"，然后继续战斗。

我也知道心情太好而放松警惕的话，可能分分钟被对手逆袭，"大意失荆州"嘛。不过我实在按捺不住自己这得意的心情呀……

配方6

防感冒薄荷熏蒸

材料和工具

★薄荷油　3滴

　（或薄荷油、桉树油各3滴）

★热开水　1杯（约200ml）

★有把手的马克杯　1个

制法和用法

① 把热开水倒入杯中，滴入3滴薄荷油（或薄荷油
3滴＋桉树油3滴）。

- -

★首先尽量吐气。然后从杯口上方缓慢地、一点一
点地吸入杯中水蒸气，使水蒸气与自己咽喉接触，
但应注意防止水蒸气过热灼伤。

★如果眼部感到刺激，闭上眼睛即可。根据自己的喜
好调整杯口与面部的距离以及熏蒸时长。

功效

　　预防感冒。缓解咽痛、鼻塞、支气管炎症、咳
嗽、紧张性头痛等。减轻灰尘、花粉、废气引致的
咽部异物感，通窍清肺。

7. 简易薄荷软膏

　　含有薄荷成分的软膏，应该是我的祖辈、父辈直到我小时候一般家庭的常备药。这种软膏可用于外伤、蚊叮虫咬、瘙痒、皮肤皲、红肿、冻疮、软组织损伤、肌肉痛等外用护理，用途非常广泛。

　　我问过我丈夫（美国人）的家人以及亲戚们，听他们的介绍也差不多。看来，无论东方还是西方，在这种万能软膏的事情上，是没有地域差别的。

　　年头久远又广为人知的市售药，最有代表性的就是"曼秀雷敦"、"老虎油"之类的了。这些药品的共同点就是以具有药用功效的薄荷油为主要成分。

　　"曼秀雷敦"是 19 世纪同名美国公司生产并销售

的一种软膏的商品名。据说这是一个合成词，来自薄荷的成分"薄荷醇"（Menthol）以及凡士林的别名"矿脂"（Petrolatum）。产品除了薄荷油以外，还包括好几种其他成分。

俗话说物如其名，我从这个商品名中获得启发，以薄荷油和凡士林（两者都能在药店买到）为主要成分，把两者简单地混合起来，就能制成自制简易软膏。

我自制的这种软膏可用于小的外伤护理、蚊虫叮咬后止痒，效果也还不错。涂在太阳穴上，还能起到放松心情、消除疲劳的作用。

皮肤接触到软膏时，我们的体感是清凉的像薄荷把发热的部位冷却下来似的。但事实是，薄荷的有效成分接触到皮肤时，能促进这个部位的皮下的血液循环，使其微微发热。所以，它能给发热部位以清凉的舒爽感受，同时又能促进血液循环，放松紧张的肌肉，促使受伤的细胞加快愈合。

　　在需要的部位涂抹[1]适量薄荷软膏时，天然薄荷的香味儿和软膏淳朴的触感能让人们的心情放松下来。在体温的作用下，涂了软膏的身体部位散发出特有的香气，不知怎么，竟让我想起幼时与小伙伴们一起玩"抓人"游戏往来奔跑的美好时光。

　　长大以后的我，几乎不再有摔倒、擦破膝盖的事了，至于皮肤皴、红肿、冻疮，也都不知何时从我们的生活里消失得无踪影了。

　　所以，现在我最常用这款软膏的时候就是夏天去自家院里或外出的时候，用于驱蚊虫了。

　　蚊子、牛虻、野蜂等都害怕薄荷油的香味儿，不会靠近。用薄荷油制成的软膏涂抹在皮肤上，能保持很长时间，通常是两三个小时，之后可以视具体情况补涂。如果外出之前忘了涂抹被蚊虫叮咬了，还可以用这种软膏止痒。

---

1. 因涂抹的量和部位不同，使用感和使用效果会大大不同，可自行尝试调节。用于眼部周围或黏膜组织时，应特别注意不可涂抹在敏感部位上。

在户外野餐的时候，如果空气中飘着市售防虫药的气味，那真的没法吃。为此，薄荷软膏成为我忠实的野餐伴侣。

有趣的是，我听说乌鸦也很怕薄荷的香味儿。

说到这里我想起来，有一次，在一个市区公园里吃午餐时，有两只乌鸦一直在纠缠我旁边一位行人，但完全没有来骚扰我这桌的意思。不知道是不是因为我的薄荷软膏和薄荷湿纸巾（配方4）的双重作用？

真相到底是什么？要是乌鸦能告诉我就好了……

简易薄荷软膏

材料和工具
- ★薄荷油　60滴（浓度高的配方可用80滴）
- ★凡士林　10g
- ★带盖容器（铁皮扁药盒或药膏容器等）

制法和用法
① 向凡士林中滴入薄荷油（标准用量为60滴），充分混合。
② 将其保存在带盖的密闭容器（铁皮扁药盒或药膏用专用容器等）中。

★先做皮肤过敏测试（在肘部内侧涂抹少许，观察半天左右），确认在薄荷的清凉感之外没有其他刺激感之后，再在需要的部位适量涂抹使用。

功效
外用护理轻微割伤、烧烫伤、蚊虫叮咬。驱蚊虫。身心疲劳时、精神抑郁时、紧张时用于放松心情。工作、驾驶时用于提神醒脑。缓解肩颈酸痛、晕车晕船、紧张性头痛、恶心、鼻塞等。

8. 复方薄荷软膏

我的丈夫听说"薄荷软膏"时，首先忆起的不是外伤或蚊虫叮咬，而是小时候感冒时的经历。

在他小时候，每当咳嗽鼻塞、呼吸不畅、咽痛或支气管痛时，只要母亲在他胸前涂抹含有薄荷成分的软膏，就会感觉一下子轻松好多，特别舒服。

那种香味儿，就这样与妈妈温柔的抚摸一起留在心中，在那之后的人生道路上，始终散发着无限的安心感和治愈效果。

几十年过去了，直到今天，在我丈夫感冒时，只要我递上一支薄荷软膏，他就会安静下来，看上去很舒服的样子。就连我，也从当初婆婆的悉心照料中受惠良多。

　　配方 7 中介绍的简易薄荷软膏，在咳嗽鼻塞或呼吸感觉不畅时，涂抹在胸部，也可起到很好的效果。这是因为，在体温的加热作用下，涂抹在胸部的薄荷软膏中的薄荷油会雾化，缓缓升腾到口鼻处，自然而然地就完成了吸入过程。

　　不过，我在简易薄荷软膏的基础之上，又尝试调制了一种配方略为复杂的、用于感冒的"精心版"薄荷软膏。这是因为，我希望在我家，在治疗感冒的过程中，能把属于丈夫个人的儿时记忆的力量发挥到极致。

　　首先，为了让软膏的香味儿尽可能地与丈夫记忆中的更接近，从而提高治愈功效，我在"精心版"软膏配方中，除薄荷油之外，又添加了桉树[1]、茶树[2]、薰衣草[3]的

---

1. 桉树：桃金娘科乔木，精油采自树叶，可用于吸入法治疗，可缓解花粉症、流感、支气管炎、鼻炎、肺炎、室内灰尘或废气导致的过敏等症状。

2. 茶树：桃金娘科乔木，采自树叶的精油可用于吸入或涂抹治疗，具有杀菌消炎等功效。

3. 薰衣草：唇形科灌木，采自花、叶的精油可用于吸入或涂抹治疗，能放松身心紧张、缓和肌肉酸痛及偏头痛，有利于轻微烧烫伤及外伤的恢复，能抑制真菌感染，调节皮肤状态。

精油。

我这样做出来的成品，居然与一种叫"老虎油"的东方软膏的传统配方非常相似。

因此我猜想当年婆婆用的大概是一种叫"Vicks VapoRub"的美国软膏（译注：中译名"维克斯达姆膏"）。

后来我又多方查询后了解到，无论是"曼秀雷敦""老虎油"，还是"维克斯达姆膏"，其成分、香型虽然各有特点，但各自的有效成分的原料本身却有着惊人的相似之处。概言之，这几类软膏其实都属于"薄荷软膏"一族。

我为"精心版"配方做的另一件事是，我选择了对皮肤更友好的基剂膏，用于溶解精油。

市售基剂膏一般都是凡士林和石蜡的混合物，但因为我家人皮肤都比较敏感，所以我希望能找到一种大面积反复使用也不会过敏的基剂膏。

于是，我最终选择的是自古以来常常用于基剂的蜜蜡[1]、乳木果油[2]、荷荷巴油[3]的超级组合。

　　这三样东西在药店很难看到，只能在芳香疗法工作室的店铺里或是通过网店买到。这个超级组合会让我多花一点材料费，但比起凡士林来，这一组合用于药膏基剂具有更好的延展性，而且用起来感觉皮肤更轻松。

　　最重要的是，考虑到这是一款在家人无精打采、卧床的时候使用的软膏，比起驱蚊虫的那款来说，我希望自己做得更精心。

　　看来我的精心没有白费，丈夫非常喜欢这款软膏的香味儿。而且，自从我们在日常生活中时时处处以不同形式用上薄荷油之后，我们家里就很少再有人感冒了。

---

1. 蜜蜡：采自蜂巢的天然固体蜡。在古希腊、古罗马时代就用于医疗软膏基剂。分为两种，一种是经脱色脱臭处理后的晒白蜜蜡（白色）；另一种是未经精制，还带有蜂蜜香味的蜜蜡（黄色）。在这个配方中，可根据自己的喜好选用其中一种。

2. 乳木果油：是从乳油木的果实中榨取的固体植物性黄油，产地西非。据说涂抹在皮肤上能促进血液循环，并从很久以前就作为治疗外伤、烧烫伤、皮下软组织挫伤、捻挫伤、肌肉酸痛的药物使用。

3. 荷荷巴油：采自荷荷巴（灌木）种子的天然植物油。北美原住民传统外用药，它作为日常美容油是晒后皮肤头发护理不可或缺的。现在也广泛应用于化妆品、医药品基剂。

这真是一件大好事。

在我丈夫那，软膏实际的用途也有所改变，他很少为了护理嗓子或支气管而把它涂在胸部，而更多的是把它涂抹在肩部、腿部、臂部，用于缓解肌肉或关节酸痛。

不过——"少年易老膝难伸"——当我们开始往关节部位上涂薄荷软膏的时候，就意味着少年时代已经离我们远去。

尽管如此，偶尔打开盖子，那亲切的香味儿随着涂抹散发开来，不也是一件美事吗？

复方薄荷软膏

材料和工具

★薄荷油　60 滴

★桉树油　32 滴

★茶树油　28 滴

★薰衣草油　4 滴

★蜜蜡　3g

★乳木果油　2g

★荷荷巴油　1g

★带倒出嘴的耐热容器（烧杯等）

★带盖容器（铁皮扁药盒或药膏专用容器等）

※ 如果只使用薄荷油 60 滴（不添加桉树油、茶树
　油、薰衣草油）的话，剩下的则改为蜜蜡 2g、乳
　木果油 1g、荷荷巴油 3g。

制法和用法

① 把蜜蜡、乳木果油、荷荷巴油加入耐热容器中，在锅中隔水加热至融化，熄火。

② 为避免蜜蜡凝固，应保持容器仍在锅中，加入精油，用竹签等迅速搅拌。

③ 将容器从锅中取出，把溶液倒入药膏容器中，注意避免烫伤。

④ 待其冷却至室温，自然凝固即告成。如需迅速冷却，可将其置于冰箱冷藏室内。

★先做皮肤过敏测试（在肘部内侧涂抹少许，观察半天左右），确认在薄荷的清凉感之外没有其他刺激感之后，再在需要的部位适量涂抹使用。

※使用感和使用效果，会因涂抹的量和部位不同而大大不同，可自行尝试调节。

功效

　　缓解流感、感冒、咳嗽、咽痛、紧张性头痛、哮喘、鼻塞、花粉症等各种症状。缓解肩颈酸痛、肌肉酸痛、关节疼痛。用于轻微割伤、烧烫伤、蚊虫叮咬护理，驱蚊虫。

第2章
厨房和洗手间也吹起薄荷风

9. 薄荷牙膏、薄荷去污膏

我特别喜欢刷牙，早晨起床后、三餐后、晚上就寝之前，每天 5 次，每次 3 ~ 5 分钟的刷牙时间，是我一天之中最享受的时间段之一。

对着镜子，慢慢地在每一颗牙齿之间移动牙刷。

每天，正是这一颗一颗的牙齿，帮助我把食物粉碎，又一下一下地咀嚼，让食物的味道释放到我的口中。

对帮助我品尝味道的舌头，待遇也跟牙齿一样，在下一次使用它之前，我必须用纤柔的牙刷前端，沿各个方向运动，把它刷干净备用。

还有平时我用的牙刷，猛地看上去没有什么不起眼，非常普通，但是，这可是 "3 列紧凑型小刷头、超尖端极细刷毛" 的牙刷哦。

　　这是平时常给我看牙的医生，经过对我的牙齿的仔细观察，在了解掌握了我刷牙方式的基础之上，帮我选的牙刷。

　　口气清新时，心情也会很容易转换到下一项工作中去。我感到要掌控好全天的工作、生活节奏，刷牙起到的作用实在是太大了。

　　刷牙是什么时候起成为我生活中的乐趣的呢？说起来，这是从我学会自制一种让自己能放心使用，且用起来也舒适的好牙膏之后的事了，也就是用上了各种药局标注"入口安全"的各种薄荷牙膏。

　　本款牙膏配方早在十五年前，就出现在我的一本书里，当时的名称是"MINT 牙膏"。

　　把小苏打（碳酸氢钠）[1]与在药店购买的植物性甘油

---

1. 小苏打：也可用作食品膨松剂，但与发酵粉（泡打粉）成分不同，应予注意。可在药店、超市、网店买到。用于家务清扫等时，用量较大，建议购买时，注意不要选小包装的，而应选大包装的（小苏打）。

以 3 ：2 的比例混合起来，再添加薄荷油作为芳香剂即
告完成。

　　将其装入带盖的玻璃容器中（我用的是医用万能
罐[1]）。刷牙时，跟普通牙膏的用法是一样的，要抹在牙刷
上使用。不过要注意：先得用小调料勺[2]搅匀，再取用。

　　就是这种牙膏，每天 5 次，我已经用了好几年了。

　　我的牙齿状况一直特棒。我每半年去看一次牙医，
做常规牙齿检查和清洁。

　　检查牙齿的时候，牙医会用一种探针（一头尖，金
属质地）插入牙齿与牙龈之间，来测量每一颗牙齿与所
在牙龈之间缝隙的深度。

　　据说 1mm 以下为基本合格，如果深度达到 2mm 甚
至 3mm，那么牙齿与牙龈之间就有可能聚集细菌，牙龈
健康的警示灯就会闪烁报警。

　　刷牙刷得好与不好之间的差距，很好地体现在这个
缝隙深度的数据中。

_____

1. 医用万能罐：用于收纳消毒用脱脂棉等的罐状容器。

2. 例如用于取用芥末酱的小勺。

在我的牙医以及他的助手们的热心指导之下，这些年来，我刷牙的技术不断进步。

测量结果，我的牙龈缝隙深度竟然只有 0.5mm!

虽然我的三围和视力数据实在不堪夸口，但这项牙龈数据可真令我超级自豪。

不过，我获得这种肯定的机会实在太少，所以每到半年的牙齿检查，我就会迫不及待地往牙医那儿跑，其实就是为了听见一句夸奖："了不起! 棒棒哒!"

对了，用与这款薄荷牙膏完全相同的原料，我还自制了"薄荷去污膏"，用于擦拭不锈钢质地的锅具、水壶、厨房水槽等。

去污膏跟牙膏一样，被我装进带小勺的白糖罐里，放在厨房的水槽边上备用。

"什么? 刷牙的牙膏，跟刷锅的去污膏，是同一种东西?"的确，这很令人吃惊。但牙和锅其实都是要跟食品接触的，所以它们共同的要求是"入口安全"且"清洁力强"，这两点是最最要紧的。

薄荷去污膏能干净地去除茶壶、茶杯上的茶渍。也就是说，同样配方的牙膏也能去除附着在牙齿表面的茶渍。

这种去污膏不仅能强力去除顽固的污渍，而且在清洗那些需要小心呵护的物品时，也能显示出巨大的威力。比如用于清洗水晶葡萄酒酒杯，那真是再好用不过了。

有一次，我认识的一位从事家族香槟酿造的大叔，从法国来日本旅游。

午餐时，我们随便进了一家店，点了杯香槟。只见上来的这杯酒，从杯壁上不时地冒上大小不一的气泡，就像人打嗝一样。至于这杯酒的香气，说不上来为什么，就好像卫生间里用的空气清新剂。

"这都是洗洁精闹的。就因为洗杯子用了洗洁精，香槟的香气、气泡都没法正常生成。我们酿酒的人，为了让香槟的气泡更漂亮，真是煞费苦心，可是到了最后，却用这样的杯子来倒酒，真是欲哭无泪啊。其实香槟杯，根本不用多昂贵，只求别用洗洁精来洗就好！可是没办法啊，走到哪都常遇到这样的事。"

大叔一遍遍摇着头，痛心疾首。

哎呀，这哪行啊？！为了安抚大叔的心，那天晚上在我家吃完晚饭后，我就让他看着我怎么用薄荷去污膏清洗葡萄酒酒杯。

用手指直接抠一点去污膏，抹在杯口边缘上，再轻轻地搓一下，被嘴唇沾在杯口边缘的菜汁油污就都被洗掉了。

配方中还用到了甘油，能起到润滑作用，能保护牙齿、不锈钢、水晶的表面不被划伤。

而且无论油溶性还是水溶性污垢，甘油都能使其乳化，所以餐后刷牙以及清理容易积攒油污的锅具水壶等时，甘油都是首选的材料。

为了哄大叔高兴，我又临场发挥了一下："甘油是葡萄酒中自然含有的成分之一，所以用甘油来清洗葡萄酒酒杯，那真是天经地义啊。"

大叔两眼放光，举着那通透的酒杯，对着水槽上方的灯管看着，狂喜。

大叔向干净的杯子里注入自己酿的香槟，喝完。第二天欢欢喜喜地从成田机场起飞，回了法国。

另说一件事吧。家里有客人的时候，洗手间使用率会比平时高得多。

这种时候，在厨房里就能用去污膏直接刷牙，实在很方便。所以在我家厨房的橱柜里，还另外存放着一支"3 列紧凑型小刷头、超尖端极细刷毛"的牙刷。

而且，这个牙膏兼去污膏还有另一种用法：取一小勺含在嘴里，再含一口水漱口，口腔清新分分钟实现。

每次刷牙，每次刷锅，我都开心得想要哼起小曲——这已经是我最近这几年的常态了。

薄荷牙膏、薄荷去污膏

材料和工具

★薄荷油（根据自己喜好）12～20 滴

★小苏打（碳酸氢钠）6 大匙（90ml）

★植物性甘油　4 大匙（60ml）

★万能药罐及调料小勺（盛取牙膏用）

★白糖罐及茶匙（盛取去污膏用）

制法和用法

① 将小苏打与甘油充分混合。

② 根据自己喜好加入薄荷油（12～20 滴），进一步混合。

③ 分装入各自容器中，在室温下保存。

★用作牙膏时，用小勺取出约 1 勺，抹在牙刷上使用。

★用作去污膏时，首先用水把需要清理的部位打湿，再取适量本品涂抹，用打湿的百洁布或海绵摩擦清洗。玻璃杯直接用手指和手清洗。

功效

　　清洗，抗菌，稳定的研磨／擦拭作用。空气清新、除臭。

10. 万能薄荷去污皂粉

　　在所有用于居室清洁的薄荷油配方中，最让我的家充满生机活力的，大概就数这款"万能薄荷去污皂粉"了。

　　身为去污皂粉的使用者，我敞开胸怀迎接它，而我可爱的家，怕更是打心眼儿里盼着这款去污皂粉赶紧来给自己洗个澡呢……

　　小苏打（碳酸氢钠）与无添加天然洗衣皂粉[1]混合在一起，再以薄荷油作为芳香剂，这就是这款去污皂粉的配方。

　　当时，我把去污皂粉随手装在一个恰好用完了的空

---

1. 在面向初学者的去污剂配方里，完全不含碱性助剂，选用的是仅用纯皂粉制成的助剂。

的芝士粉瓶子里，我永远也忘不了第一次把它拿到浴室里去的情景。

我打算首先用它来试试清洗浴缸。我先用淋浴喷头把浴缸里淋湿，然后举起奶酪瓶把皂粉撒在浴缸表面。

似乎有一丝淡淡的薄荷绿色流过——我还来不及多想，皂粉就如雪粉一般纷纷扬扬地落了下来。渐渐地，就与浴缸底上的水滴们紧紧地结合在一起了。

好嘞，撸起袖子干吧！

我拿起一块海绵，开始用力地擦拭。

皂粉和小苏打的粉末一会儿就起了泡，薄荷那清凉的香味儿充满了整个浴室，它们共同翩翩起舞啦。

擦拭了一气，用手摸摸哪些地方需要再进一步擦拭，又这儿擦擦，那儿擦擦，很快地，浴缸的表面就光洁如新了。

吼吼，真不错啊！

我乘胜追击，对浴缸的边边角角发起总攻。

忽然，我感觉到浴缸好像被挠了痒痒，在哈哈哈地笑呢。

哦，原来这样呀，原来浴缸也觉得舒服、开心了呀！

那是我第一次有了与家共情的感觉。

我还想起我用自己初次制作的香皂洗澡的情景来。

泡在散发着自然花香和柑橘香的浴缸里，浴室里有氤氲的水蒸气，但我却吃了一惊。

原来，当被发自内心的安详拥抱之时，我的头脑和身体竟然能如此柔软啊……

我的浴缸，一定也是直到此刻，才领会到了清静和清洁的喜悦吧？

被合成的香料味儿极浓的化学洗涤剂清洗的时候，我的浴缸，一定会不耐烦地闭上眼睛、全身僵硬，盼着赶紧洗完吧？

"等会儿我会回来，把整个浴室好好打扫一下，稍等一下哦。"我对浴缸说。说完我就先去了厨房。

我在水槽和橱柜上撒上去污皂粉，用力擦拭。

在薄荷油的香味儿中，水槽的脸亮闪闪的，开心地咧嘴笑了起来。

我又来到卫生间里（译注：日本的居室设计通常是

浴室与卫生间分开）继续战斗。

洁具表面是用刷子刷的，等薄荷的香味儿充满整个浴室后，再用水冲洗，卫生间的地漏也闪着亮光，哈哈地笑了。

那是一个值得纪念的日子，我把之前的用于清洁厨房、浴室、卫生间的所有家用清洁剂统统送出了我家大门。

"从今天起，我的生活要发生巨变啦！"我被自己内心的声音鼓舞着，在橱柜台面上摆开一排玻璃瓶罐，个个装满了我自制的薄荷去污皂粉。虽然时日已经久远，但当时那激动的心情至今记忆犹新。

满怀喜悦，同时，还有一点点黯然神伤。

家，本是我自己和家人身体的延伸。可是，曾经的我，竟然把自己不愿意直接接触的那些东西，无情地喷在家里的角角落落，还拿起海绵和刷子，用力地擦呀刷的……

自我批评持续了一整夜之后，我意外地收到了新配方送给我的惊喜大礼包。

什么大礼包呢？

话说，我丈夫皮肤比较敏感，以前是最怕打扫浴室的。自从有了这款安全，而且有薄荷美妙香味儿的去污皂粉，我丈夫竟然深深地爱上了打扫浴室这件家务活儿。

他跟所有的美国人一样，喜欢痛快的大淋浴；同时，又跟所有的北欧人一样，喜欢长时间泡在浴缸里。

"这款去污皂粉沾在身上手上都没事，太适合我光着身子在浴室里打扫了。"每次洗澡，他都拿着我自制的薄荷万能去污皂粉意气风发地走进浴室。

哈，这架势，怎么感觉有点怪——但细想一想，听说有不少男士特别喜欢洗车，那么有特别喜欢浴室，以打扫浴室为乐的男士，也不奇怪吧？

自制去污皂粉可以装在空的餐桌芝士粉瓶里或是欧式白糖罐里，用的时候唰唰地一甩就出来，真是太方便了。

可能有人会觉得，装在有开口的容器里，那薄荷的香味儿不就跑了吗？其实不然。缓慢挥发的薄荷香味儿能让家里的空气更洁净。如果觉得香味儿太淡了，可以按自己的喜好补充薄荷油进去。

需要注意的一点是，这款去污皂粉与配方 9 中的去污膏不同，恐怕没法用来刷牙——倒不是因为安全问题，入口安全肯定是没问题的，只是我估计，没有谁能受得了这款去污皂粉的味道。

即便用力吐，那强烈的后味也会在嘴里保留至少一小时。

以上是本人奋勇尝试之后的切身感受，特此报告。

配方10

万能薄荷去污皂粉

材料和工具

★薄荷油　20滴

★无添加纯皂粉　1杯

★小苏打（碳酸氢钠）　1杯

★带盖容器（容量750ml以上的储物瓶等）

★用于存放成品的带盖瓶（餐桌芝士粉瓶或欧式白糖罐）

制法和用法

① 将皂粉和小苏打装入带盖容器中。滴入薄荷油，盖好盖子，用力晃动，使内容物充分混合。

★把成品装入开有小口的容器中，放置在厨房水槽等使用方便的地方。

★需要时取出适量，撒在水槽、浴缸、洗面台、马桶下水口等处使用。

功效

　　用于洁具等的清洗、擦拭、抗菌。空气清新、除臭。

11. 薄荷除臭粉

本节介绍的万能配方与万能薄荷去污皂粉（配方10）非常相似，适用于日常家务清洁的各种场景。

这就是由薄荷油与小苏打（碳酸氢钠）组合而成的除臭粉。

厨余垃圾桶、冰箱冷藏室、厨房水槽及浴缸的排水口、马桶、鞋柜……生活中，这类让我们猝不及防地屏住呼吸的地方实在太多了。

我刚开始自制薄荷除臭粉的时候，也跟自制薄荷去污皂粉一样，一次做好多慢慢用，但经过这么多年的实践，渐渐地转变为只在需要的时候才迅速调配制作的模式。

　　为了让这个配方发挥更强的除臭兼空气清新功效，我会根据每次除臭对象的情况来设定除臭方案，薄荷油也是临时加进去的。多数时候效果都特别好——比如在厨房，水槽边上的台面上摆着薄荷油瓶子和装着小苏打的玻璃罐，随用随制。

　　装小苏打的玻璃罐容量较大，罐里配有小铲状的匙。需要的时候，可随时打开盖子，取出小苏打使用。

　　我家厨房的厨余垃圾桶是摆在水槽下方的。

　　每次洗洗刷刷结束，把厨余垃圾扔进垃圾桶后，我都会取 1 ~ 2 大匙小苏打，薄薄地撒在垃圾表层。然后，再往上面滴 2 滴薄荷油，盖好盖子。

　　这种做法，使我完全无须为在夏季散发异味的垃圾而烦恼。

　　还有，每次清空厨余垃圾桶之后，我会用万能薄荷去污皂粉清洗垃圾桶，洗好之后，再往桶底撒入约 2 大匙小苏打。同样也是滴上 2 滴薄荷油，用刷子擦拭后静置 15 分钟后，用热水冲洗干净（垃圾桶如果是搪瓷或不锈钢质地的话无须静置，我家的垃圾桶是塑料的，非常容易生异味，所以要用这个方法处理。除了垃圾桶之外，其他塑料用具例如保鲜盒、饭盒等也可以用同样的方法处理）。

用水冲洗小苏打时，会产生泡沫，能清洗下水管道，所以用这款除臭粉擦拭器具之后再冲掉，也是出于防止下水管内壁积存污垢的考虑，可谓一石二鸟。散发薄荷香味儿的、干干净净的厨余垃圾桶，用起来真是令人愉快呀。

无论是厨房还是浴室，每一两周就用薄荷除臭粉清理一次，那么，只要没有什么特殊的"重污染"，就足以完成下水管道的日常保洁。具体做法：在排水口处撒上半杯小苏打，滴上 3 ~ 4 滴薄荷油，再用半壶热水冲下去。

还可以用于鞋柜除臭：在空的瓶或罐中加入两三大匙至半杯小苏打，滴上两三滴薄荷油，将其置于鞋柜之中即可。

使用一段时间，觉得薄荷油的香味儿淡了的话，可再补充。

用于冰箱冷藏室除臭的具体做法跟上述差不多，半杯小苏打加薄荷油 1 滴即可。

　　这种放置型除臭粉，使用一段时间后，可以转移到厨房或卫生间、浴室里去，当去污粉或下水管道清洁剂使用。

　　美好的香味儿变幻无穷，真是很棒的粉粉哦。

配方11

薄荷除臭粉

材料和工具
★薄荷油适量
★小苏打（碳酸氢钠）适量
★带吸滴管的精油瓶
★带盖罐
★取物匙或铲状匙

制法和用法
① 将足量小苏打装入带盖罐中。
② 将薄荷油装入带有吸滴管的精油瓶中。

★在装有小苏打的罐内备好取物匙或铲状匙，与薄荷油瓶放置在一起。
★需用时，取小苏打和薄荷油适量，混合成除臭粉使用。
※ 如欲一次自制较多的量，可用小苏打1杯，加入薄荷油30～40滴，搅拌均匀后装入带盖容器中备用。

功效
　　除臭、空气清新。厨房及卫浴下水口周边清洁、擦拭、抗菌。

12. 薄荷岩盐室内清新剂

配方 11 是除臭剂，除去异味就是它的使命。

相比之下，本节要推出的岩盐[1]清新剂的着眼点是利用薄荷油的香味儿来清新空气，在某种角度上可以看作是居室美化 DIY。

在我家，玄关柜上总是摆着这款清新剂，一年四季都可以用。不过可以根据季节特点，在外包装上增添些小创意，也别有乐趣在其中。

比如，可以选择与插植鲜花的花瓶、花盆配套的容器，在其中加入两三大匙岩盐，再滴入三四滴薄荷油。

---

1. 岩盐：即 rock salt，颗粒较大的结晶状粗盐。此处也可使用海盐（多产自意大利等地）。

　　因家里玄关空间小，所以我不会大张旗鼓地摆放，只是根据季节时令，变换一下容器，使其与鲜花搭配。

　　这款清新剂的容器，最好选用小碟子、小钵或深盘。如果平时不用，只是家里来了客人时才用，可以选择带盖的容器。比如玻璃的培养皿，不仅百搭，还有盖子，堪称清新剂最佳容器。

　　清新剂使用一段时间后需要更换岩盐、清洗容器，我建议选用易于清洗的玻璃或陶质容器。如果是木质容器，香味儿容易渗入木质纹理中，如果是清新剂专用器皿当然没有问题，但如果还有其他用途，恐怕就比较麻烦了。

　　我家玄关的墙上挂着一幅水彩画，画中是夏威夷岛上的胡里海埃宫殿。夏威夷是我丈夫喜爱的地方，这幅画就是我丈夫的爸妈送的礼物。用热带鱼图案布料裁编制成的地垫上，摆着开放着红色火鹤花的花钵。热带风情与薄荷的香味儿融为一体，给这夏季的玄关带来了意想不到的意趣。

自制室内空气清新剂时，尝试使用不同的精油是很有意思的事。

不过，玄关这个地方，不仅属于自家人，还会有朋友、邻居、快递小哥和形形色色的客人来往，是不能一味地按自己的喜好去布置的。

所有人都没有抵触，且具有净化空气之抗菌作用，从这两点来说，适合玄关的精油只能来自薄荷属植物了。

薄荷属植物中，尤以薄荷（无论日本种还是西方种）功能最为强大，实在是玄关清新剂精油的不二之选。

而平时偶尔想换换心情或是过年布置房间时，我往往在薄荷精油中添加柠檬、橙、橘子、八朔蜜柑、柚子等柑橘系精油。

在我家，每年 12 月，会按西方风格布置圣诞树和薄荷糖装饰，相应的节日香味儿是橙、丁香。等到了 1 月，又完全按日本风格布置着柏木升，香味儿则是在薄荷精油中添加柚子精油。

在外劳累一天后回到家中，进入玄关的一瞬间，薄荷的香味儿迎面而来，紧绷的双肩也在那一瞬间放下了。
这无声无息的香味儿好像在对我说："您回来啦？这儿又
安心、又干净，您可以彻底放松下来啦！"

配方12

薄荷岩盐室内清新剂

材料和工具

★薄荷油　3～4滴

★岩盐　2～3大匙

★喜爱的容器

制法和用法

① 在喜爱的容器内加入2～3大匙岩盐，再滴入3～4滴薄荷油。

★需放置在玄关等适当的场所。随时根据实际需要补充薄荷油。将薄荷油瓶放置在一旁会比较便利。

★替换下来的旧岩盐可用作浴盐。

功效

　　除臭、空气清新、抗菌。

13. 薄荷空气清新剂

需要的时候就拿起来，对着空中喷、喷、喷。

这是一款具有空气清新、除臭、抗菌功效的简单喷雾配方。

把 50ml（用于制作果酒等的）白酒装入玻璃喷雾瓶内，加入 20 滴薄荷油，晃动摇匀即可。

如果不用白酒的话，可用乙醇（药店有售）20ml 与水 40ml 混合，再滴入 24 滴薄荷油。[1]

把装好的喷雾瓶放在家中常用的地点，这样用起来非常便利。例如每次收拾好厨房后，就可以拿起来对着

---

1. 这款喷雾配方中的酒精含量较高，不可用于保湿。可向空中喷雾后走入其中，不要直接喷在皮肤上。

空中喷几下；还可以喷在厨房水槽表面、排水口周边或厨余垃圾上。

薄荷油和白酒都具有抗菌功效，非常适合用于厨房清洁工作的收尾，而薄荷的香味儿就是"收工！"的欢快信号。

我家卫生间的架子上常备这款喷雾。便器冲水后，向着便器排水口的位置喷几下，再对着卫生间空中喷几下。由于这款喷雾具有空气清新和抗菌两大功效，我就用它来给便便之后的卫生间做清洁收尾。

也可以把它装在小号的喷雾瓶里随身携带。这样，在公共卫生间的小格子里就可以拿出来喷喷了。

当然，还可以用于平时卫生间清洁工作的收尾。

我在我家厨房里配置这款喷雾时，往往加柠檬进行一次加工。这是因为，在厨房和卫生间里使用从外形到气味都完全一样的喷雾，会让我有点坐立不安。

具体方法是：削下半个柠檬的皮，放入等量白酒中，静置一周左右后即可使用。

这种喷雾，不仅散发柑橘系清爽宜人的幽香，而且，玻璃喷雾瓶中螺旋状的柠檬皮看上去也非常可爱，不再是面孔单调的扫除用品。

如果希望成品具有更明显的柠檬香味儿，可以再滴入 5 滴柠檬精油。柠檬精油或橙精油都属于柑橘系精油，是采自果皮的，其中含有去除污垢的成分。做饭后，用这款喷雾来擦拭厨台上的零星油污时，其中的白酒和精油就会发挥作用，因此能擦得很干净。

如果选择薄荷与柠檬的组合精油，做饭前后可以在食品柜或橱柜台面上喷几下，它不会对食品造成任何妨碍。

说真的，一旦习惯了自制空气清新剂的清爽香味儿，也会有一点点麻烦。比如外出的时候，满大街都是合成香料制成的除臭剂、空气清新剂，闻到那些气味的时候，我总是不自觉地屏住呼吸。

遇到这种场合，我总是急忙取出随身携带的喷雾瓶，迅速喷射薄荷散弹迎战，然后迅速撤离，到安全地带才敢喘口气。然而，有的时候跑都没地方跑——每当这时，我总在心里感叹："要是人们能更多地使用薄荷油，该有

多好啊!"因为上述原因,我随身的手包里总是多备着
一瓶"口袋薄荷"(配方 1)。

我一心一意想要发展一批薄荷油传道士——要是有
机会的话,一定。

配方13

薄荷空气清新剂

材料和工具

1. 用白酒（酒精度数35度）制作时

★薄荷油　20 滴

★白酒　50ml

2. 用无水乙醇制作时

★薄荷油　24 滴

★无水乙醇　20ml

★水　40ml

★柠檬精油　6 滴（可选）

★玻璃喷雾瓶或小号便携喷雾瓶

制法和用法

① 在喷雾瓶内加入白酒或无水乙醇及水，再滴入薄荷油，盖好盖子。

② 用力晃动使其充分混合即可。

　　※如欲增加可选的柠檬精油，应与薄荷油同时滴入。

★使用时，喷适量即可。

功效

　　除臭、空气清新、抗菌。

14. 薄荷玻璃水

　　我的性格是粗犷型的，但在有些细节上却又被大家说是神经质。在没有开发出这款自制的薄荷玻璃水以前，我用的都是市售玻璃水。那时候我是真的不喜欢擦玻璃啊，因为一闻到那个气味，就会头痛。

　　比如说，一想到要长时间地跟玻璃水的气味一起待在车里，我就没了出远门的愿望，怎么也打不起精神来。而另一个场合是在自家客厅里享受红茶的清香，看着那水蒸气升腾的时候，即使看到玻璃茶几上有脏的地方，为了不造成气味干扰，我不会当场就喷玻璃水去擦拭的。

　　说起来，已经是好几年前的事了。有一次，有一位喜欢翻看美国消费者信息杂志（*Consumer Reports*）的朋友，拿了一篇报道给我看，还告诉我说：

"用各种玻璃水做对比实验后，没想到结论竟然是：用不含任何清洁剂的纯水喷雾擦玻璃，清洁效果才最好！"

当时我哑然良久。不过也真的好幸运——因为听了那句话，从那以后我就再也没用过玻璃水。

现在，我用的是玻璃水的替代品：在喷雾容器中装入半杯那了不起的"纯水"，并滴入3滴薄荷油，晃动混合后，即可用作玻璃清洁剂。

虽然只是极少的几滴薄荷油，却能帮助水更好地去除污垢，而且在打扫卫生的过程中，就算沾到人身上，哪怕是大量的，也完全不用担心。

何止是不用担心啊，沐浴在那香味儿中，简直是享受。

清洁玻璃的时候，只需在玻璃表面喷上几下，用麻或棉质的薄布擦拭，再用另一块干净的棉或麻布擦一遍即告完成。

在清洁玻璃时，与清洁剂同等重要的是所使用抹布的材质。最好用的莫过于用来擦洗葡萄酒杯的那种极细的麻布，它能把玻璃擦洗得晶莹透亮。其次是木棉布，也是很薄很细，纤维不会散落的那种。

在我家，擦洗葡萄酒杯专用的麻质抹布用到感觉旧了的时候，就会退役，改去擦玻璃。

其实擦玻璃的话，不需要整块抹布，布头就行。平时可以多备几块，在擦洗、干擦的过程中，多换几块，这样就能很轻松地搞定。

遇到玻璃上的污垢比较严重的时候，我也曾把"纯水"改为"带气泡的水"来自制这款玻璃水。具体做法是：调兑鸡尾酒用的俱乐部苏打水之类不带甜味的碳酸水半杯，然后滴入薄荷油 5 滴。

碳酸水中的气泡能使玻璃上的污垢乳化，很好用。关于这一点，我在口腔清新剂的章节中也有提及，我要大声呼吁："没有条件刷牙时，记得用碳酸水漱口啊！"

碳酸气泡还能使薄荷的香味儿释放得更强烈。

"甭管喷的是什么吧，只要是喷，就好玩"，我每次擦玻璃的时候心里都会这么想。

配方14

薄荷玻璃水

材料和工具

1. 普通版

★薄荷油　3滴

★水　半杯（100ml）

2. 去污力升级版

★薄荷油　5滴

★碳酸水　半杯（100ml）

★玻璃喷雾瓶

制法和用法

① 在喷雾瓶内加入水和薄荷油，用力晃动使其充分
　混合。

★使用时，朝着玻璃上的污垢喷几下，用极细的布擦
　拭。换一块布擦干，即告完成。

功效

　　清洁、抗菌，除臭、空气清新。

15. 薄荷柠檬厨用洗手皂
——厨房液体皂

　　只需简单配齐材料，唰唰晃几下瓶子，就能制成非常好用的液体厨用洗手皂。

　　它是做饭过程中以及饭后刷碗的必备佳品。

　　它不仅香味儿清新，而且即使长时间使用，也不会令手部皮肤粗糙。收拾完厨房一看自己的手，甚至更加水润光滑了呢。

　　入口安全。即使沾在食材上也不用担心，孩子也能使用，所以更为安心。——唯一要担心的是，用水可能要变成玩水啦!

　　日常的家务活是枯燥乏味的，没有人会翘首期盼。

但厨房里有了这款洗手皂以后，一想到刷碗，心情确实与没有它的时候大不一样了。

而且它不仅可以用在厨房中，家里来客人的时候，还可以当洗手液。一开始客人们可能很吃惊，但真的用了之后都说好，甚至还有人拿这个来洗头呢。

制作这款厨用洗手皂，使用的基本材料是市售的无添加液体皂。

具体做法是：在350ml无添加液体皂中，加入50ml植物性甘油。再加入我们熟悉的薄荷油5滴，柠檬精油10滴，晃动使其充分混合即可。

成品可装入自己喜爱的液体皂专用喷嘴瓶内，不过我更多的是把它装在泵式泡沫瓶里。——其实不是做好之后才装进去的，是从一开始就把全部材料放在泡沫瓶里混合，再摇匀制成的。

使用泡沫瓶的话，每按压1次，1ml的液体皂就能变成约膨胀15倍，薄荷柠檬的泡泡们会咕嘟咕嘟地冒出来。

做饭过程中，手上沾了各种东西，有一个这种泡沫瓶，实在是方便得多了。

我认识的一位著名的鸡尾酒调酒师说，薄荷是不是散发香味儿，关键在于是否新鲜，所以他在店里用的胡椒薄荷、留兰香薄荷都是自己种的。

据他说，用于装饰的柠檬的皮，因削的刀法不同，释放出的香味儿也不尽相同。一旦聊起鸡尾酒的香味儿的话题，他的独家见解可太多了，滔滔不绝的。就是这样一个很在意细节的人，当听说这款洗手皂中的薄荷和柠檬自带的天然香味儿不会干扰自己调制鸡尾酒时，他立刻就爱上了它，并开始在调酒台的水槽边使用。

其实我有时候悄悄寻思，调酒师喜欢这款洗手皂，该不会是因为它也是先把各种材料混合起来再晃动制成的吧……

过了一段时间，我接到了来自调酒师的电话，没想到，他反馈的事情与薄荷的香味儿完全无关，只听他语调激动，带着亢奋："我手上原来有湿疹，是长年接触水导致的，用了您的洗手皂之后，现在竟然全都好啦！"

已经放弃治疗的职业病，没想到因用了这款洗手皂竟然让可能要相伴终生的伤口神奇地愈合了！从电话传来的声音里，我能听出来他非常开心，也伴着大惑不解。

而对我来说，这确实是一个令人高兴的消息，但这并不是一个令人惊奇的消息。

我在这款配方中添加了足量的植物性甘油，这是治疗皲裂、湿疹的正宗的对症良药，从古至今就是世界各国官方药典中的常规处方。

此外，甘油还有缓和摩擦的润滑作用，这在牙膏配方中也曾用到。而且，对油性污垢来说，甘油还是一种强力有效的清洁剂。

洗手皂材料中的甘油，堪称是保护手部皮肤的铜墙铁壁。

至于洗手皂的其他材料，读者可能也注意到了，虽说是薄荷油配方皂，但却使用了比薄荷油更多的柠檬精油。这是为什么呢?

　　我认为，薄荷与柠檬的香味儿是特别相配、相得益彰的，不仅能提神醒脑，还能提振食欲和激发好奇心。

　　自古以来，薄荷与柠檬就是鸡尾酒中最亮丽的一道风景。

　　而且，采自柠檬、橙等柑橘系水果果皮的精油中，还含有去除污垢的成分。所以从很久以前，人们就发现了它们的香味儿以及清洁功效，在很多时候，会将其当作肥皂、洗涤剂的添加成分。

　　说到这里，我要重点聊聊这款配方的基剂材料——液体皂。这是配方的关键，至关重要。

　　不是合成洗涤剂的，就是"无添加皂"了吗？并非如此。基剂选择什么，会直接影响到成品的使用感受。

　　洗手液、洗发液等市售清洗剂的广告词里，我们最耳熟能详的就是"配合 ×× 成分、添加 ×× 成分，因此能护手、护发"。

　　但事实上，迷上自制手工皂的这二十多年来，我研究过各种材料，自制过固体、液体，各种各样的手工皂，还反复对比使用效果，反复研究改进、重新调制新配方……现在，我终于弄清楚了一点：

手工皂的质量（去污效果是否好、护肤效果怎么样）归根到底，取决于原材料"油的种类"以及"各成分之间的配比"。

概括地说，（液体皂尤其明显）原料中富含油酸越多，去污力就越强，同时保湿效果就越好，使用时的触感也越好。

富含油酸的市售液体皂的材料有：橄榄油、椿树油、高油酸菜籽油[1]、高油酸葵花籽油[2]、澳大利亚胡桃油[3]、棕榈油酸[4]等。以这些油为主原料的液体皂，保湿效果好，对皮肤更友好。

要点是，必须是各种油中占比最重的"主原料"。

---

1. 高油酸菜籽油：用油酸含量较高的菜籽所榨的油。

2. 高油酸葵花籽油：用油酸含量较高的葵花籽所榨的油。

3. 澳大利亚胡桃油：富含油酸，且含有棕榈油酸，能促进细胞再生，非常适合用于护肤。

4. 棕榈油酸：从棕榈油中提取的油酸含量较高的部分。

刚才我也说过，那些商品名中大肆宣传的"配合××成分"（液体皂尤为明显）无非是象征性地含有那种成分，聊胜于无罢了。

至于以上富含油酸的油，究竟在各类原料油中的占比是多少，不妨向生产商询问。

如果这个比例是在 60% ~ 80% 之间，那么对皮肤的保护作用应该就是很不错的。

不过要提示一下：以椰油、棕榈核油1为主要原料的手工皂，虽然也是采自大自然的天然材料，但是往往保湿力很差，使用后皮肤总是发干。

一般的手工皂中都会含有 20% 左右的椰油、棕榈核油，因为它们具有较好的起泡的作用。但如果以这类材料为主原料的话，会导致使用时的触感明显变差。

因此，我要再啰嗦一遍：如果您想做出对皮肤好、使用触感也好的厨用洗手皂、洗发水的话，一定要选择"高不饱和脂肪酸无添加液体皂"为基剂。只要能做到这

---

1. 棕榈油是从棕榈的果肉中提取，棕榈核油是从棕榈的种子里提取。

一点，一般来说就不会搞砸了。

只认薄荷油的人，第一次尝试制作这款厨用洗手皂时，能亲身感受到薄荷与柠檬搭配在一起的绝佳效果，一定会又惊又喜。

"香味儿容易接受，闻起来很舒服，不自觉地又洗了几遍手。——最神奇的是，手部皮肤完全没有发干的感觉！"这是第一次使用这款洗手皂的人最常有的反应。还有人说：

"用起来感觉简直太好了，用这个洗盘子是不是太可惜了？"

怎么会呢？盘子不就是您的手和口的延伸吗？！

不戴保护手套、直接用手洗盘子的感觉真的很爽，我希望您能享受这种感觉，并认真地把盘子洗干净哦。

薄荷柠檬厨用洗手皂——厨房液体皂

材料和工具

★薄荷油　5滴

★植物性无添加液体皂　350ml

★植物性甘油　50ml

★柠檬精油　15滴

★碳酸水　半杯（100ml）

★自己喜爱的容器瓶（液体皂专用喷嘴瓶或泵式泡沫瓶）

制法和用法

① 在瓶内加入液体皂和甘油，再滴入薄荷油和柠檬精油，用力晃动使其充分混合。

★取出适量，用于洗餐具、洗手。

功效

清洁、抗菌，除臭、空气清新。

投稿

说一说：薄荷厨用洗手皂、厨房专用固体皂

　　我家用的各种皂，在很早以前就全都变成自制的手工皂了。

　　我自制的精油手工皂，几乎都是简简单单、摸起来手感很舒服的固体皂。

　　选取几种天然精油搭配的时候，既要考虑成品的功效，又要考虑如何使成品的气味更好闻，这是自制手工皂格外需要用心之处。不过，有一些手工皂的配方，是"非薄荷油不行"的——这就是"薄荷厨用液体皂"。

　　自制手工皂时，我总是认真考虑如何使用各种精油

才能更好地发挥其功效，使成品具有更好的护手效果，所以我基本上不会使用再利用的废油。但唯一例外就是这款液体皂。

我在家里每个月会做两三次油炸食品，一锅油也就是用两三次。我总是把这些用剩下的油用来制作厨房用液体皂，一点不浪费。而我最爱的薄荷油在这款配方里起的作用是抗菌和芳香。

就这样，我先享用美味的油炸食品，再把剩下的一锅好油用到最后，一滴也不浪费。对这样一款男人味（女人味？）十足的液体皂来说，薄荷那纯粹而执着的香味儿实在是最酷的搭配了。

在家里炸东西的时候，（偶尔会用椰油之类）基本上是用纯橄榄油[1]，有时候也用椿树油。

可能有人觉得一旦用了纯橄榄油，不管做什么好吃的都逃不出意大利、西班牙和南法风味了。事实并非如此，用橄榄油其实还能做出极清淡的日式油炸食品。橄

---

1. 特级初榨橄榄油中富含不耐高温的营养成分，建议生食。如果需要用于煎炒炸等，建议使用耐热的纯橄榄油。

榄油在高温下也很难氧化，只稍微炸一下就能炸透。真的是非常美味、健康的烹饪方式。

天妇罗、炸素斋、豆腐丸子、炸虾、炸米饭团、苹果派或香蕉派。即便是容易吃油或者挂糊的食材，也可以用纯橄榄油或椿树油来炸制，出锅时带油很少，不会给肠胃增加负担。

制作固体手工皂时，根据原料油的种类不同，需配合的碱的分量也不同。不过，橄榄油和椿树油作为手工皂材料的性质非常接近，所以无论剩油中两者比例如何，所需添加的碱的分量都是相同的。

此外，橄榄油和椿树油（包括用过的剩油）中富含不饱和脂肪酸，因此保湿力超强，能制成优质护肤皂。

所以，不要曲解我家的"洗盘子 ＝ 护肤"这一原则哦。

油污被洗得干干净净，盘子闪闪发亮。至于剩油中残留的食品气味，只需在配方时稍稍多添加一些薄荷油就可以掩盖了。

我认识一位独居的男性说，他不仅在厨房里用，还

在浴室里用这款手工皂。洗盘子、淋浴、洗脸、洗头，
都能胜任。自打学会了自制这款固体皂以来，他就不再
自制别的手工皂了。

他喜欢做饭，虽然是一个人，也不怕麻烦，很爱用
小锅油炸食品。剩下的油怎么处理呢？——可以用来制
作浴用皂和厨用皂。炸了肉、鱼之后的油，用来制作厨用
皂，炸了蔬菜、面点的油，就用来制作浴用皂、洁面皂。

"香味儿强烈、有抗菌作用，就这两点来说，薄荷油
真是万能呢。"——他的话，让我深有感触。

他用的精油只有两种：一个是印度产日本种薄荷
油，还有一个就是当地（也就是美国华盛顿州）产的胡
椒薄荷油。

或许，在他看来，"除了薄荷以外的香型到底有没有
必要存在"都是问题吧？

虽然是简洁的绿色主义生活，但简洁到这个程度，
着实令人敬佩，同时，也实在让人很难效仿。

撇开那些不提，单说用优质剩油制成的手工皂，配
上清爽而有力的薄荷油，实在是绝了。——这一点，在

任何时候都是毋庸置疑的。

在此，我还要向对固体皂感兴趣的人再多说一句：固体皂的制作方法，从过程来说，就跟做一道简单的菜差不多。

等熟练了以后，从开始到做打皂完成，连一个小时都用不了。

不过很抱歉，如果要详细充分地解说材料性质、取用方法、注意点、各工序的意义等等的话，以本书的配方格式是根本收录不下的。

等您真的决定要"做一个试试"的时候，可以参考本书第197页的手工皂参考书籍里列举的那些书。如果您已经了解了基本的制作方法，可以参考第195页所附"薄荷厨用皂"中的材料用量表。

第3章

在薄荷的芳香中快乐洗衣

16. 薄荷洗衣皂粉

　　薄荷的清洁感和清凉感是无与伦比的，在洗衣的过程中，呼吸着薄荷的香味儿，心情也会好起来。洗衣机里的水发出哗哗的声音，空中跃动着薄荷的香味儿，恍惚间，不仅是衣服们，就连空气也都被洗干净了似的。

　　我家曾使用多年的"薄荷洗衣皂粉"有两种。一种是对油、土、皮脂有超强洗净力的"皂粉型"[1]，我称之为 A；还有一种是去污快、能除染渍、有抗菌作用的"氧化漂白剂[2]型"，我称之为 B。

---

1. 本配方的原料之一是植物性无添加皂粉。

2. 氧化漂白剂（过碳酸钠）与水发生反应后可生成过氧化氢（短时间内分解为水和氧）、碳酸钠（碱性）。其单体除用作洗涤剂外，还可用于白色或花色衣物、厨房用具的漂白。

不同的洗衣情形，可按需要选择适合的原料，再与薄荷油混合，制成皂粉。

三年前，我推出了新版的"C型薄荷洗衣皂粉"。不过，最终确定配方，是又过了一年后的事了。

现在我用的就是这款"超级C"洗衣皂粉，除了丝绸、纯毛衣物会使用其他配方（配方17）之外，其他的衣物全都用这款配方一网打尽。直接与皮肤接触的床单、毛巾等棉麻家纺品，以及内衣、抹布等，尤其适用。

这款新配方有两大特点：

第一个是薄荷油具备的功效，即洗涤过程中的芳香和抗菌功效（洗完后的衣物上不会留下薄荷的香味儿[1]）。

第二个是C型皂粉的新特点，那就是比起其他洗涤剂来，这款配方对肉眼看不见的微小灰尘以及颗粒物的洗去能力更强。

这是个有点超现实的话题吧。近来，为了验证在洗衣过程中，微小的污染颗粒物被洗掉的程度究竟如何，

---

1. 关于衣物留香，请参照配方20"薄荷香包"。

人们想出了一个新招：用盖革计数器在衣物表面仔细地
来回摩擦。说真的这个办法挺无趣的，但确实大大帮到
了我，使我足不出户，就能对各种洗衣粉、洗涤剂的洗
净能力进行对比。时代的变迁真的让人惊叹。

　　一开始我也走了不少弯路，但经过种种之后，最终，
我把之前的"皂粉型"和"氧化漂白剂型"组合起来，
也就是 A 和 B 结合，就成了 C。所以这款配方，是"哥
伦布的鸡蛋"式的发现。

　　经洗衣实践，我发现氧化漂白剂已变身为提高肥皂
洗净力的碱性助剂，而几乎不再发挥原本的漂白作用。

　　但与此同时，氧化漂白剂在洗衣缸内与肥皂发生反
应，在洗衣的最初三四分钟里产生了大量的含氧泡沫，
其汹涌之势令人惊讶。虽然泡沫随即迅速消去，但碱性
洗涤液仍保有很强的洗净能力。使用接近人体温度的温
水，洗净效果比使用冷水更佳。

　　以我现在的想象，对于那些黏附在衣物上的污垢颗
粒来说，要使其从衣物上脱离，最初的强势泡沫应该是
效果很好的——细节暂且不论。为了我们每一天的幸福，

尽量提高洗完之后衣物的洁净效果[1]，就是最好的。

在洗涤过程中，这款配方强大的发泡能力能使薄荷油那健康的香味儿更有活力地释放出来，这真是一大快乐的发现。

在洗涤贴身衣物、毛巾、睡衣、枕套等直接与皮肤接触的衣物时，建议同时参看配方 17 "薄荷柔顺剂"。

想一想把脸颊贴在干爽清洁的家纺品上，躺下安睡那一刻的幸福，就能理解如果把"好睡眠"比作一桌菜，那么洗衣就是主菜，而洗衣皂粉就是主菜出锅前的最重要的调料，绝对不能敷衍了事。

---

1. 氧化漂白剂本身就具有去除洗衣缸污垢的作用，所以，如果洗衣缸内已经积存了污垢，有时可能会出现这些黑色的污垢被漂洗下来、沾在衣物上的情况。所以最好是先行对洗衣缸进行清洁，再使用此配方洗衣。

配方16

薄荷洗衣皂粉C型

材料和工具

★一次洗衣用水量　30～40L

★薄荷油　3～4滴

★植物性无添加皂粉　2～3大匙

★氧化漂白剂（过碳酸钠）　2～3大匙

★带盖容器（储物瓶等）

制法和用法

① 在容器内加入所有材料，盖好盖子，用力晃动使
其充分混合。根据所洗衣物的量适当调整配制量。

★取适量放入洗衣机，开始洗衣。温水（38～45摄
氏度）洗涤效果最佳。

★如果是波轮式洗衣机，可省去以容器配制的步骤，
直接将皂粉和氧化漂白剂投入洗衣缸内，开始洗
衣，接至缸内有存水时，加入薄荷油即可。

功效

衣物清洁、抗菌、除臭。洗涤过程中具有芳香
效果。

17. 薄荷柔顺剂——衣物柔顺剂

用纯肥皂洗衣的好处在于，原本白色的衣物能被洗得很白。在专业洗衣店里，直到现在，洗白色衣物时使用的洗涤剂还是纯肥皂。

除此以外，洗后衣服不会发硬、能保持织物自然的柔软感，皮肤触感好，也是用纯肥皂洗衣的优点。

所以一般来说，用纯肥皂洗后的衣物是不需要使用柔顺剂的。但如果希望洗后的衣物特别柔软或是特别干爽，那么这款薄荷柔顺剂就是最适合的。

我在家里使用这款配方，多是对皮肤触感要求很高的 T 恤衫、内衣、睡衣等。

还有，使用配方 16 "薄荷洗衣皂粉" 洗衣后，如果洗的是抹布就洗完了，而如果洗的是内衣、床单、枕套的话，我就还要使用这款柔顺剂再"加工"一下。

具体方法是，在最后一遍漂洗开始时，加入柠檬酸[1]和薄荷油。使用后，衣物会变得更加柔软的原理是，洗涤剂使洗衣缸内的水具有碱性，柠檬酸能使水变为弱酸性，从而使附着在衣物上的洗涤剂更彻底地被漂洗掉。

与此同时，薄荷油发挥其芳香和抗菌作用，尤其适合梅雨时节在室内晾衣等场景。

在最后甩干之前，如果能再滴入一两滴薄荷油，那么在甩干取出衣物的时候，会有薄荷油的香味儿散开，令人愉悦。

使用这一配方的话，有时需要让洗衣机暂停下来重新设定洗衣程序，不能怕麻烦。

放入薄荷柔顺剂后，可以选"快洗"或"干洗"程序（不用洗衣粉）简单洗一下再进入漂洗程序。这样柔

---

1. 柠檬酸：是一种在柑橘类植物、醋中也有存在的酸味成分，常见商品化物为白色粉状食品添加剂。最近也有面向食品制作、家务使用的大包装出售，可轻松通过网购等方式买到。

顺效果会更好。

使用柔顺剂的话，整体洗衣时间会被拉长，不过，薄荷油香味儿存续的时间也会延长的，不妨把后者当作额外的收获吧。

我还有个可能有点怪的爱好，就是伏案工作的时候，特别喜欢同时听着洗衣机转动时那哗哗的水声。

我办公室的房间对面，隔着楼梯拐角，有一个洗衣房。我为了听见洗衣机的水声，会特意把自己办公室的房门和洗衣房的房门都敞着。

哗——哗——好像船桨划水，只要听见这样的声音，薄荷油的香味儿就会随着空气的流动，飘到我这儿来。有时候，其实风向不对，香味儿传不过来，但我听见那样的水声，就好像闻到了薄荷油的香味儿。

洗衣机"哗哗哗"地宣告洗衣结束时，我会立刻起身跑过去陪伴它。

有时候工作太忙，恨不得有分身术，越是这种时候，越是觉得薄荷油就像我的心情润滑剂，在调节心情方面发挥着巨大的威力。

　　薄荷油让我的心情愉悦，因此，洗衣机也得到我细心的对待，使用寿命也被延长了。在薄荷洗衣皂和柔顺剂的双重抗菌作用之下，银色的洗衣缸总是闪闪发亮。

　　没有薄荷油的时候，我有愉快地洗过衣服吗？真的是一点儿也想不起来了。

薄荷柔顺剂——衣物柔顺剂

材料和工具

★一次洗衣用水量　30～40L

★薄荷油　漂洗时　3～4滴

（可选）甩干时　1～2滴

★柠檬酸　2～3大匙

制法和用法

① 最后一次漂洗时，取适量薄荷油和柠檬酸加入洗衣机缸内。

★可根据所洗衣物量适当调整配制量。可在脱水时补加薄荷油。

★如希望洗后效果更佳，在洗衣程序结束、污水排放之后，可添加柔顺剂，再次选择快洗程序。

功效

　　洗衣程序结束后的深度清洁、柔顺。洗涤过程中具有芳香效果。抗菌、除臭。

18. 薄荷薰衣草洗衣皂
——精细衣物专用液体皂

　　精细衣物，大多都应在脱下之后立即清洗而不是放置一段时间，这样，沾在衣物上的皮脂、汗液能尽快洗掉，就不会在衣物表面形成色斑。

　　繁忙的工作、生活之余，每当遇有必须手洗的衣物时，若是放在以前，我一定会皱起眉头："哎呀，麻烦死了。"但是如今，我已经不会把这当作难事了。这完全是因为我自制的手洗洗衣皂的薄荷香味儿的力量。

　　回到家里，换下衣服，立刻放进脸盆里或者小桶里洗啊洗，洗啊洗。

　　我知道自己这些衣服最多不过 5 分钟就能洗完，而且又能在薄荷的香味儿中放松全身，洗衣服就好像从外面回到家里洗手那样轻松。丝绸衬衫、薄羊毛衫，都可以这样不知不觉就洗出来。

一脱下来就洗，更容易洗干净，更重要的是这款洗衣皂的洗净效果特好。丝绸、羊毛，还有其他加工精细的纤维，这款液体洗衣皂都很适用。

可以说这是一款适合手洗的配方。

但是，其实这款配方，除了添加的精油不同外，所用材料、制法，都与配方 15 的"液体厨用洗手皂"相同。

唯一的变化就是：把之前薄荷油与柠檬精油的组合，改为薄荷油与薰衣草精油的组合。

薰衣草从很早以前就是在衣物、家纺洗涤中常用的精油。我想，大概是因为薰衣草那清爽怡人的芳香，以及很好的除虱效果吧？此外，薰衣草还具有促进伤口愈合、保湿、护肤等功效。这些都是它适合用于手洗皂配方的原因。

虽然薰衣草的功效如此强大，但如果自制的配方与家务相关，我还是会自然地想到要在薰衣草精油中配合上薄荷油使用。这主要是因为，薄荷属植物的香味儿具有"放松身心""舒缓肠胃"的功效。薄荷油其实就是一道护身符，有了它，我们就不会因为家务活负担太重而出现肠胃不适、头痛等症状。

再说说这款配方中的肥皂本身。在厨房里的护肤皂，在洗衣时同样有护肤效果。用具有护肤效果的洗衣皂洗后的衣物，当接触身体时，当然也会对皮肤很友好。因此，这款配方也要注意：应选用富含"柠檬酸"的精油，选择原料时的注意事项与洗手皂完全相同。

中世纪，在欧洲曾经有一种名叫"马赛皂"的橄榄油洗衣皂，专门用于洗涤王公贵族们奢华的丝绸和羊毛衣物；而普通老百姓连洗澡洗脸的肥皂都没有，甚至连干净的水都很难打到，不少人因疫病而死。

如今，虽然不公的现象仍有很多，但我们有更多的理由相信，自己已经生活在一个比以前幸运得多的时代。

拖着疲惫的双腿回到家，一边搓洗，一边喘口气，自己最爱的衣服，只需 5 分钟的玩水时间就能洗好。
"哇，太难得了！嗯，真不错。"能让我这么惬意——恐怕是薄荷油所有功效中最了不起的一项了吧？！

配方18

薄荷薰衣草洗衣皂——精细衣物专用液体皂

材料和工具

★薄荷油　5滴

★植物性无添加液体皂　350ml

★植物性甘油　50ml

★薰衣草精油　15滴

★自己喜爱的瓶子

制法和用法

① 将液体皂与甘油装入容器中，加入薄荷油和薰衣草精油，用力晃动使其充分混合。

★把混合好的皂液装入自己喜爱的瓶中，用于精细衣物的手洗。

★1盆（或1桶）水中使用两三大匙，洗衣后应认真漂洗。

★羊毛衫等较大的衣物，如果使用洗衣机干洗功能来洗涤，用量为50～100ml。

功效

　　清洁、抗菌。除臭、芳香效果。

19. 薄荷织物整理水——熨衣喷雾

从十年前起，日本的家居杂货卖场里也开始常常出现瓶装的"织物整理水"。这是一种从植物中提取精油时产生的蒸馏水，里面因为留有精油成分，所以有芳香的气味。

在欧洲，这种商品被称为"芳香蒸馏水"，常用做化妆品材料，也一直被用作熨衣时的喷雾水。传入日本之后，逐渐成为家居杂货店里的常规商品。

不过，在家居店里买，连瓶带水还是满重的。其实，您可以不要费力气搬运，只需在家里准备好水，往里滴入薄荷油，混合均匀，就可以得到您的织物整理水了，很简单不是吗？

无聊的熨衣时间从此变为舒爽时间，确实太方便了。织物整理水的种类有很多，但基本上使用的都是具有防虫效果的芳香药草蒸馏水。

在欧美最具人气的就属紫色的优雅香草——薰衣草，它被称为洗衣守护神。

但这里是日本哦。跟以前相比，现在薰衣草的香味儿越来越普及了，但其实薰衣草并非日本传统的香草。

在依赖芳香疗法的人中，薰衣草化妆水、浴后柔肤水中丰富而健康的香味儿特受欢迎。但据很多人说，虽然本人很喜欢，但要让全家人都适应它的香味儿，需要很长的时间。

不止一个人说过：自己在往熨衣板上的衣服喷着香雾，沉醉在薰衣草的香味儿时，家人却说："这什么怪味儿呀？"那种时候，真是太沮丧了。

家务活是跟整个家庭都有关系的。如果是洗衣皂，香味儿独特点儿也就罢了，但熨衣喷雾的香味儿，要让全家人都接受的话，还真是挺难的。

在"让所有人都接受"这一点上，日本种薄荷堪称天下无敌。

时至今日我还没有遇见一个讨厌薄荷香味儿的日本人，无论男女老幼。

把 100ml 的水装入带盖的瓶中，滴入 5 滴薄荷油，盖好盖子后用力晃动，使其充分混合即可制成。如果是用于熨衣喷雾的话，其实可以从一开始就在喷雾瓶中制作。[1]

如果熨斗是蒸汽熨斗，还可以直接装在熨斗的水罐里使用。不管是熨衣喷雾瓶还是蒸汽熨斗，熨衣的过程中房间里都会充满清爽怡人的芳香，堪比芳香浴。

在炎热的夏季里熨衣服可不是件轻松的事，如果使用薄荷熨衣水的话，也许就能制造出具有清凉感的气场呢。

但如果每次都使用薄荷熨衣水的话，或许偶尔又会有人说："能不能变点花样呀？"

那么，有感觉的时候，不妨也来试试用下面的精油

1.用剩的熨衣水不可长时间放置，最好在一两天之内就用完。可用作入浴剂等。

与薄荷油混合，看看效果如何吧。

　　在日本，最常用于熨衣水的具有防虫功效的植物精油有：柏、桧、雪松、松、杜松等针叶树系列。无论用哪种，每次喷雾的时候，都会觉得好像在森林浴，这种香味儿与薄荷的香味儿也很协调。

配方19

薄荷织物整理水——熨衣喷雾

材料和工具

★薄荷油　5滴

★水　100ml

★带盖容器（容量约450ml）

★喷雾瓶

制法和用法

① 将水与薄荷油加入带盖容器中，用力晃动使其充分混合。

② 将成品装入喷雾瓶中。

★将成品装入喷雾瓶中，用于熨衣喷水。如果是蒸汽熨斗，可直接灌入使用。

※ 如果使用柏、桧、雪松、松、杜松等精油代替薄荷油，用量也是5滴。如果是与薄荷油混合使用，用量为薄荷油2滴、其他精油3滴。

功效

　　熨衣时防虫、抗菌。除臭、芳香效果。

20. 薄荷香包

从大约二三十年前起，化学物质过敏症在发达国家突然开始呈爆发式增长。发病者一旦接触化学物质，就会出现眩晕、恶心、呕吐等症状，以至于不敢轻易走出家门。

我在美国有几个熟人。有位朋友甚至没法去附近的超市购物，因为只要去了就头痛难忍。

的确，在美国那边，在一般的超市里，空气清新剂、消毒剂都会比日本用得猛。

有时候还会遇到这样的事：在厨用洗涤剂、衣物用洗涤剂或柔顺剂、居室用洗涤剂的货架旁摆放的面粉、大米、巧克力等容易吸味儿的东西，打开这些食品包装后，你会惊讶地发现，已经串了味没法吃了。

还有，在美国入住酒店的时候，真不知道打扫房间的服务员在房间里喷了多少空气清新剂，以致我一进到房间就不得不赶紧打开窗户放味儿。虽说我和家人并不是过敏症患者，但这种过浓的香味儿着实令我烦恼。

在日本，入住日式旅馆就不会有上述问题，一直以来我都十分安心。不过，最近有新闻报道说，在日本也连续出现了"在交通工具中，因他人身上散发的衣物柔顺剂或空气清新剂的气味而感觉不适"的案例。过敏症患者数毫无疑问是在逐渐变多的，我只盼望日本不要在几年后步了美国的后尘就好。

香味儿这东西，与声音有相似之处。芳香成分因其种类、强烈程度、混合方式不同，有时也会跟噪音似的给身体或神经造成疲劳困顿。

外面的世界充斥着闹哄哄的香味儿，我只愿自己的家里能和平安宁。

配方 17 "薄荷柔顺剂"，主要着眼于柔软的洗后效果，而不是在衣物上留下芳香。

　　然而，如果在大衣柜里、抽屉柜里、衣箱里，放几个防虫、防霉的"薄荷香包"，薄荷那清新自然的香味儿就会慢慢地深入衣物纤维中。

　　而平时常常要穿和需要经常拿出来放进去的内衣、袜子等，不用担心会生虫或发霉，只需洗净就好。

　　至于那些不是每天都要穿用的衣物或织物，可以把吸取了薄荷油的棉花塞进小袋里，做成微型靠垫那样的小布包，再把这些小布包分散塞在衣物、织物里。[1]（不只放薄荷味的，有的抽屉里也会放薰衣草味的，主要看抽屉在家里放的位置。）

　　每当拉开抽屉，那舒爽的香味儿迎面而来——"啊，这是家的香味儿！"紧张的全身顿时就放松下来。

　　有一天，我穿着一件在衣柜里放了一夏天的毛衣，跟丈夫一起上街。在一家家居店里，一位年轻的女店员走过我身边时，忽然说："您的毛衣好香啊！这是什么香味儿？"说着就凑过来，还到我肚子这儿来嗅啊嗅的。

___

1. 香味儿变淡后，可每 1 个月到 2 个月一次，取出小袋中的棉花，重新吸取薄荷油，再重新装好。

我赶紧把肚子收紧，很是狼狈。

这家店的一角有很浓的香草、香烛的味儿，但店员却被我身上简简单单的薄荷香味儿吸引了。这也真是个有趣的现象呢！我一边这样想，一边又把薄荷油瓶拿出来重新嗅了嗅，看来这薄荷油还是挺不错的哈。

从那以后我也留了心，在收纳换季衣物时，会特意把薄荷香包放在衣服的肩部。

配方20

薄荷香包

材料和工具
★薄荷油适量
★棉或麻的小包数个
★棉片或棉球等脱脂棉适量
★麻绳或彩带适量

制法和用法
① 将脱脂棉撕开，团成若干个棉球。
② 在棉球上滴数滴薄荷油，并使其吸收（参考用量：每个香包20滴）。
③ 将适量②塞入小布包中，整理好形状，用麻绳或彩带扎口。

★将成品装入衣物收纳箱或抽屉中使用。
※ 如果使用薰衣草精油，用量为薄荷油的大约一半即可。

功效
　　防虫、防霉、抗菌、芳香效果。为衣物轻微留香。

21. 薄荷鞋枕

　　除非是特别定制，否则一辈子买到一双特别合脚的鞋的发生概率大概与"他乡遇故知"差不多。

　　所以，好不容易看到并买回来的合脚的鞋子，我总会特别爱惜，希望能穿很长时间。

　　我自己的基础款长靴和短靴，都已经穿了十五年。

　　每年，到了秋冬季，这两双靴子的穿用率是最高的。而要想让活跃在第一线的靴子能继续为我服役，有一件很重要的事就是在它们休息的季节，提供一个能让它们舒舒服服地休息的环境。

　　过了秋冬季之后，我会给整个靴筒、鞋底做一次整形，并擦净、彻底晾干。待确认已经彻底干透之后，在收纳之前，我会在两只靴筒中各放置一个"薄荷鞋枕"。

带有好闻香味儿的"鞋的枕头"，能让靴子们在休眠期内好好睡觉。

鞋枕做好之后，能长期使用。

说是"做"，其实很简单，只需将棉花团成棉球，滴入薄荷油，再将其塞进短袜里，用丝带或绳子扎好口即可。顺便还可以塞进去一小包干燥剂。做好的鞋枕就像一个人脚形状的毛绒玩具。

把这个鞋枕塞进鞋里，鞋子就不会变形，而且薄荷油还能发挥防虫、防霉、抗菌作用。

这样收纳起来的鞋子，到了下一个穿用的季节时，会从休眠中心情愉快地醒来。

我忍不住要说的是，鞋子其实每天都很辛苦。

在《帕帕拉吉：初见文明之椎阿比酋长的演说集》[1]（译注：中文译名《帕帕拉吉：小鸟酋长的城市故事》）一书中，有一段关于"南洋人眼中的西洋鞋"的描写：

---

1. 此书为冈崎照男译，立风书房刊，1995 年，第 67 次印刷。

"此处人给脚增加一层外壳，并以绳、锁扣在脚腕处加以固定，人的脚如同海螺肉一般被包裹在坚硬的外壳中……这实在不合乎自然规律，脚似濒死，常伴有恶臭。"

每次我打理自己的靴子时，脑子里总会浮现这段逼真的描写，我因此设想了一下鞋的感受。

被尘土包裹，在坚硬的地面上行走，鞋本就已疲惫不堪。而除了这些痛苦之外，它们还不得不载着濒死的、泛着臭味儿的、海螺肉似的脚丫子，对鞋来说，这真的太痛苦了吧！

为了不让鞋沦落到如此惨境，此刻，我就要借助薄荷油的力量来护理它们。

正如椎阿比酋长所说的，用鞋捆绑脚，实在是违背天道自然的事情。只有不把鞋当作一种工具，而是当作人脚的延伸部分去呵护，才能赢得它们的理解。因为，今天的我们，如果离开这种"脚皮"，已经无法在钢筋水泥建筑之间移动了。

除了休眠期之外，当季的时候，不妨用配方 3 中的"薄荷棉球"来护理鞋子。

　　回到家里，脱掉鞋子，在两只鞋里各放入一个薄荷棉球。经过一整晚的休整，到了清晨再看它们，已经完全恢复了勃勃生机。

　　看来，芳香疗法对鞋也适用啊！

薄荷鞋枕

材料和工具

★薄荷油　20 滴

★短袜　1 双（2 只）

★棉片或棉球等脱脂棉适量

★硅胶等干燥剂　2～4 个

★麻绳或彩带等适量

制法和用法

① 将脱脂棉撕开，团成若干个棉球。

② 在①上滴数滴薄荷油，并使其吸收（参考用量：每只袜子10滴）。

③ 将②与干燥剂塞入短袜中。

④ 整理好形状，用麻绳或彩带扎口。

★将成品装入鞋中，整理好鞋的外形即可。

※ 穿用季节过后，将棉球取出重新补滴薄荷油，重新塞入短袜中。干燥剂可用微波炉加热重新干燥后使用，也可更换新的干燥剂。

功效

　　鞋子的防虫、防霉、抗菌、干燥及芳香效果。

第 4 章

让薄荷油陪伴入浴

22. 薄荷浴油及薄荷沐浴香氛

在西方的芳香疗法中，薄荷属植物精油被划入不可直接接触皮肤的类别中。

这是因为，有的人只要皮肤与薄荷油原液直接接触，就会感到辣丝丝的疼痛，无论是薄荷还是胡椒薄荷。

然而，抛开这些只在芳香疗法中接触薄荷油的人，再来看看在那些骨灰级薄荷油粉丝吧。在这些人中，竟然有相当多的人乐于把薄荷油原液直接喷在肩颈部，再施以按揉手法使其渗透进皮肤。据说这种对皮肤的强烈刺激对肩颈痛有很好的疗效。

曾经有不止一两个认识的人告诉过我："我多少年都这么过来的，什么事儿也没有。"

我有时候想，是不是因为他们本就在新加坡等东南亚国家出生，从小就用惯了虎标万金油之类的，所以对薄荷油的刺激性已经适应了？

这些人往往对绿芥末也很热爱。他们吃绿芥末时的分量之多是日本人想都不敢想的，辣味儿窜鼻子的时候他们会觉得够辣够爽。这是不是也跟薄荷油直接接触皮肤时的辣爽感有相通之处呢？呵呵，也可能只是巧合。

有的人在泡浴时，会在浴缸中滴入四五滴薄荷油后再进去泡。但对我来说这种方式对皮肤的刺激太大，所以我总是先把它稀释成香膏或浴油后再用。

不过，人体皮肤的抗刺激程度、敏感程度，以及感觉最舒适的刺激程度，都是因人而异的，只能在实际使用中小心地摸索着找"感觉"，直到找出最适合自己的为止。

以下这就是本款"薄荷浴油"的配方。

简单说，就是用橄榄油[1]或荷荷巴油来稀释薄荷油。

最近不少人都说，即便是夏天，办公室、商场里的

───────────────

1.也可使用食用特级初榨橄榄油。

空调太冷，身体被冻透了。在这种情况下是非常适合使用本款浴油的。浴缸里的水不必太热，温的就行，每次多泡一会儿。

这种浴油可直接在带有吸滴管的精油瓶里制作。用的时候可以按滴量取，非常方便。

具体做法：在精油瓶内加入 2 小匙（10ml）橄榄油或荷荷巴油，再加入 40 滴薄荷油，用力晃动摇匀。这是8 ~ 10 次的用量。根据自己喜欢的浓度，每次向浴缸内滴入 24 ~ 30 滴，与洗澡水充分搅匀后即可入浴。

碰触这款浴油时，皮肤会有清凉舒爽的感觉。不过，这只是皮肤的感觉而已，事实上薄荷油能促进血液循环，使身体加温。

可能有人会说，虽然希望洗澡时能品味薄荷油的舒爽感，但夏天不想泡浴，还是淋浴舒服些。

还可能有人认为虽然这款浴油是稀释过的，但其中薄荷油成分接触到皮肤时，还是会感到过于刺激。

对上述人，我推荐使用"薄荷沐浴香氛"。

洗澡（无论淋浴还是泡浴）时，在一个小喷雾瓶内装入薄荷油原液，拿进浴室，对着浴室的墙壁喷 3 次左右即可。

需要注意的是，不可喷在会被淋浴水冲掉的墙壁上。水蒸气会与薄荷油的香味儿混合起来，令人愉悦的香味儿即刻充满整个浴室，洗澡全程都能享受到这舒爽的芳香浴。

薄荷属植物繁殖力旺盛，在很小的庭院里也能迅速生长。所以从古至今，在世界各地，薄荷属植物都能让人们联想到生命力。

淋浴时，花洒中的畅快水流冲洗着身体，同时，全身都沉浸在薄荷香味儿的水蒸气中，使得沐浴时间成为用全身吸收薄荷生命力的美好时光。

不过，可千万别喷到换气扇旁边啊，那就什么香味儿也留不下了。

至于究竟喷在浴室哪个位置最好？多试几次就知道啦！

薄荷浴油

材料和工具（入浴8～10次量）

★薄荷油　40滴

★橄榄油或荷荷巴油　2小匙（10ml）

★带吸滴管的精油瓶（容量10ml）　1个

制法和用法

① 把材料加入精油瓶中，用力摇匀即可。

★每次入浴时，向浴缸内滴入24～30滴，与水充
　分搅匀后即可入浴。

功效

　　消除身心疲劳。缓解紧张、头痛、胃胀。促进
血液循环。抗菌。

配方22-2

薄荷沐浴香氛

材料和工具（入浴8～10次量）

★薄荷油适量

★小号便携喷雾瓶　1个

制法和用法

① 把薄荷油加入喷雾瓶中即可。

★每次入浴时，向浴室墙壁喷3次后，即可入浴。

※ 喷雾时应特别注意，避免薄荷油原液与口鼻黏膜
　直接接触。

※ 浴室中塑料、马赛克、玻璃材质的墙壁，薄荷油
　不会使其变色。如果是白色木质，薄荷油可能会
　渗入木纹中，应避免向木质部分喷雾。

功效

　　消除身心疲劳。缓解紧张、头痛、胃胀。抗菌。

23. 薄荷洗发水及薄荷护发素

可添加于洗发水的天然精油有很多种类可选。

在欧洲，传统上认为对头发和头皮健康有好处的精油有：薰衣草与玫瑰玛丽的精油组合、洋甘菊精油。

人们认为，薰衣草与玫瑰玛丽组合精油适合于深色头发，洋甘菊精油适合于浅色头发，而且人们也注意到了这些香草对头皮的护理效果。的确，要想拥有健康的头发，首先要有状态良好的头皮。

不过，如果从洗发的情绪着眼，那么可用于洗发水的香型就多多了。我觉得每次洗发都由衷感到愉悦，是洗发水对调整情绪起到的巨大功效。

洗发时，水蒸气、香味儿和泡沫包裹着整个头部，所以洗发水的香味儿直接影响到洗发时的情绪。

所以，选择自己特别喜欢的香型用于自制洗发水，就能把"洗发 = 消除疲劳"变为现实。

"洗"不仅是物理性的动作，同时也是精神上休整恢复的过程，能使精神焕发。所以，重视洗发过程中的香味儿，是有充分依据的。

心情不好时，或梅雨季节想要吹散郁闷感时，或高温酷暑的一天结束之后想清爽一下时……这些时候，"薄荷洗发水"和"薄荷护发素"就独霸天下了。在我认识的男性里，它们是一年到头都最受欢迎的洗发水和护发素。

说到这里我还注意到一个现象：最近几年，在日本及其他国家，喜爱肥皂香波的男性人数增长了不少。

这些男性朋友，可能是那些追求无农药的农产品、散养牧场肉的人。只是他们的关注范围已不仅限于食品，而已经开始认真地关注头皮头发的健康了。

也可能是在一些开始流行光头造型的国家，在下定决心剃光头之前还想再尝试一下换洗发水的那部分男性。

使用"薄荷洗发水"和"薄荷护发素"，对当事人其后的发型变化究竟有怎样的影响？很遗憾，没有这方面的跟踪调研数据。但可以肯定的是，"薄荷洗发水"和"薄荷护发素"能维护头皮健康，在洗发时带来爽快感受。

使用合成洗发水时，护发素的作用是用硅等成分掩盖发丝表面被损坏的部分，使其表面更加光滑。

但自制皂洗发水配套的护发素的护发原理完全不同，它是用弱酸性的护发素去除发丝表面残留的碱性肥皂成分，使头发更加柔顺。

具体用法是：用洗发水洗发后，把小号酒杯两三杯的护发素加入一脸盆水里稀释后清洗头发。从柔发效果来说，弱酸性护发素的最佳原料其实是柠檬汁，其次是食用醋。但考虑到便于保存以及便于携带，在此我介绍一种利用柠檬酸制作护发素的方法。

现在网上有售用于家居绿色保洁的大包装柠檬酸，使用安全，可常备。

在外旅行住宿时，只需对使用方法稍做改变，就可实现轻便外携。每次护发用量约为大半匙柠檬酸粉。我自己外出时也会这样，与自制皂洗发水配套携带。

具体方法：就像很早以前的粉末状药品那样，把柠檬酸粉按每次一包的量用正方形纸折起包好，只携带必要的次数的量，比如一包、两包。

有时候住的不是日式温泉酒店，很难一下子就找到脸盆等用于溶解的容器。遇到这种情况时，可把柠檬酸粉直接倒入小口的瓶里。向瓶子里接入热水，滴入1滴薄荷油，用力摇匀即可。

在家用护发配方中，为缓和薄荷油的刺激性，提升对头皮的保湿性能，我还会添加甘油在里面。

日式温泉酒店的公共浴场里提供脸盆，确实很方便。但在这种地方，当众把白色的粉末撒在盆里的行为实在是太过于惹眼了，所以动作一定要迅速。[1]

我想说的是，如果想在旅行途中的洗发护发也实现与在家时一样的从容和品质，恐怕还是需要经过一段时间的修炼呢。

---

1. 外出旅行时，可事先在精油瓶内加入甘油10ml，薄荷油10滴，混合成薄荷甘油溶液，随身携带。在溶有柠檬酸的温水中加入21滴薄荷甘油液，充分搅匀后即可用于洗发后的护发。

配方 23-1

薄荷洗发水

材料和工具

★ 薄荷油　　10 ~ 20 滴

★ 植物性无添加液体皂　　350ml

★ 植物性甘油　　50ml

★ 自己喜爱的液体皂专用喷嘴瓶或泵式泡沫瓶

制法和用法

① 把液体皂与甘油加入瓶中混合。按照配方比例，
　　结合自己的喜好添加薄荷油，用力晃动摇匀。

② 把成品装入自己喜爱的瓶中即可。

★ 自制皂洗发水需要与"薄荷护发素"等酸性护发
　　素结合使用。

功效

　　清洁、抗菌、除臭、芳香，消除身心疲劳。

薄荷护发素

材料和工具（入浴8～10次量）

★薄荷油　10滴

★植物性甘油　2小匙

★柠檬酸　5大匙

★水　500ml

★带盖细口瓶

★量杯

制法和用法

① 把甘油与薄荷油加入细口瓶中混合，盖好盖子后
横向用力晃动摇匀。

② 在量杯中将柠檬酸与水混合使其溶解，倒入①中。

③ 盖好盖子，用力晃动摇匀即可。

★每次护发时的用量为小号酒杯2～3杯（约50ml），
用一脸盆水稀释后使用。

功效

能去除头发上残留的皂类成分，使头发柔顺。
消除身心疲劳，抗菌。

24. 薄荷整发喷雾

刮北风的季节里，皮肤干燥是心头大患，头发干枯也让人烦恼。油脂不足，导致头发没有光泽，而且梳头的时候如果不够小心，头发会掉得很厉害。

而更有甚者，由于空调的普及，现在很多人在夏天也出现了头发干枯的问题。

对此，我要推荐的就是添加了荷荷巴油的"薄荷整发喷雾"，这是一款在干燥环境中护理头发的强力配方。

面对堆积如山的工作，我会不自禁地揪头发，等自己意识到的时候，头发已经是干巴巴、乱糟糟的了。这种时候，不知为什么，心情也是干巴巴、乱糟糟的。

此时，只要向头上喷几下带有薄荷香味儿的整发水，再拿起梳子仔细梳理，头发就会神奇地恢复滋润。心情也会跟着好起来。

"好嘞！"就这样重整心情，从头开始。

很久以前，北美及墨西哥的原住民们就开始采摘荷荷巴的果实用于医疗及美容。沙漠中强烈的日照以及干燥气候对皮肤及头发的伤害是很严重的，而荷荷巴油正是护理皮肤和头发不可或缺的神品。

在本款整发喷雾配方中，用椿树油或橄榄油代替荷荷巴油也是可以的。椿树油和橄榄油，分别是日本以及地中海地区传统的护发用植物精油。但我还是首先推荐使用荷荷巴油，这是因为荷荷巴油的成分有极为独特之处。

荷荷巴油虽然被称为"油"，但实际上荷荷巴油中有一半都是液态的"蜡"，而这正是人体皮脂中所含成分之一。头皮分泌的皮脂中所含的蜡，能保护头发免受干燥、摩擦的损害，给头发带来光泽。

因为荷荷巴油的一半成分是植物性蜡，所以使用时不会感觉油腻，不会使头发黏在一起，使用后头发感觉干爽蓬松。这也是本款配方的吸引力之一。

　　具体做法：准备一个便于携带的小号喷雾瓶，加入荷荷巴油、薄荷油和水，用力晃动摇匀。

　　根据头发的干枯程度，可按自己的喜好调整荷荷巴油的滴数。可以从 3 滴试起，觉得不够的话可以增加到 4 滴、5 滴。

　　每次使用之前先充分摇匀，对着头发喷数次，再用梳子梳理整形。可以重复几次，直到头发被水分充分滋润。

　　每一次喷雾，都仿佛有绿色的薄荷风吹拂发丝之间。

　　看了配方之后，您可能会说："什么整发喷雾，几乎都是水啊？"嗯，其实即便是您花了一千日元买到的化妆水，也几乎都是水呢。皮肤、头发的滋润，99% 都是水在起作用哦。

　　不过，在本款配方里，那不满 1% 的荷荷巴油中所含的蜡的作用，也是不容忽视的。在起床后整理发型和希望头发有光泽的时候，用这款配方效果很棒。

　　顺带说一句，本款配方中的薄荷油如果更换为薰衣草油，那么整发水喷雾可直接变身为护肤用化妆水喷雾。

配方24

薄荷整发喷雾

材料和工具

★薄荷油　3滴

★荷荷巴油　3～5滴

★水　50ml

★喷雾瓶

制法和用法

① 把荷荷巴油与薄荷油加入喷雾瓶中混合，盖好盖子后横向用力晃动摇匀。

② 加入一半水，盖好盖子用力晃动；再加入剩下的一半水，再次用力晃动，充分混合即可。

★按自己的喜好喷在头发上，仔细梳理整形。使用前需先摇匀。

※为避免油脂固化，室温下存放，一个月内用完。

功效

　　整发、护发。除臭、抗菌、芳香。缓解紧张、消除身心疲劳。

25. 薄荷发油及发蜡

护肤、护发，这方面的信息要多少有多少。

但是要说到从外部入手的皮肤或头发的护理，那就再简单不过了。归根结底无非是这样两点：补充水分，以及施以利于保存水分的膜。

从外部入手能够实现护理效果的部位，无论头发还是皮肤，都只是其角质部分。说得直白些，其实就是死亡细胞累积的部位。细胞的质量取决于在其生命周期的数十天中，究竟是被怎样对待的。

要想让它们看上去富有光泽，就得使其富含水分、质地柔嫩。为此，只能在其表面涂抹一层油或蜡，使其保持光洁滋润。除此以外并无他法。

　　人体细胞不断地向体表排出汗液（水分）和皮脂（油和蜡），就是为了护理身体表面的角质层。如果这一自然过程因故未能顺利完成，就需要我们人为地从外部采取措施，以保持体表的角质层有良好的状态，这其实就是我们所说的护肤、护发。

　　因此，头发干枯干燥时，我第一时间想到的总是米粉和绿豆粉丝。或者根据当时的心情，想到的也可能是意大利天使细面。

　　制作一盘美味的凉面沙拉，与让角质层复苏，两者的要领是一样的。您看：手脚麻利地用适量的水把面煮到弹性口感正好的程度，然后淋上薄薄一层油使其看上去有很好的光泽，最后做成一盘新鲜的凉面沙拉。

　　整发喷雾、发油或发蜡，就相当于沙拉汁。而薄荷油的香味儿，就相当于最后装盘时点缀的香菜或迷迭香。

　　在干燥头发的护理中，最重要的就是补足水分。在使用发油或发蜡之前，可用配方24中的喷雾给头发做一次充分的保湿补水。

　　如果不先补水就直接使用发油或发蜡的话，头发难以恢复弹性，达到的效果就会是在干巴巴之上又增加了黏糊糊。好比在干燥的粉丝上喷油，粉丝绝对是发不起来，也吃不成的。

"薄荷发油"中，最基础的精油是荷荷巴油，前文里也讲述过了，荷荷巴油成分中有的一半是植物性液体蜡。因此，"发油"其实也可以称为"液体发蜡"，在防止头发干燥、赋予光泽方面效果极好。

如果您需要的是具有定型效果的整发用品，我推荐添加蜜蜡和乳木果油的固体发蜡。

制作方法步骤与薄荷软膏（配方 7、配方 8）相同。

固体发蜡不能使头发变硬，因此是无法完全固定发型的，但可以在需要制造"发梢舞动"效果时使用，而且效果不错。发梢带着薄荷的香味儿起伏跳跃，对自己来说真是一种享受。

其实这款薄荷发蜡还可以用于脚后跟部位皮肤的护理。原因是配方原料中的蜜蜡是固体蜡，能使粗糙的角质层恢复平整，用于防摩擦和润滑真是太适合了。

寒冷的季节里，脚后跟很容易干燥。此时，只需先补水，再涂抹这款薄荷发蜡，很快就能恢复光洁的原貌。尤其是穿丝袜、紧身裤担心被干燥的脚后跟勾丝时，请务必使用这款薄荷发蜡。在干燥的部位足量地涂上之后，薄荷的香味儿会令人心情愉悦，同时脚后跟也恢复了光洁。现在，只需穿好丝袜或紧身裤，身心轻松地出门就好了。

配方25-1

薄荷发油

材料和工具
★薄荷油　10滴
★荷荷巴油　1大匙（15ml）
★带滴口的容器（精油瓶等）

制法和用法
① 把荷荷巴油和薄荷油加入瓶中，用力晃动使其充分混合即可。

★先给头发补水，随后将本品滴在手上直接涂于头发上，每次1~2滴。

功效
护发、整发。防止头发干燥、赋予光泽。

薄荷发蜡

材料和工具

★薄荷油　5滴　　　★蜜蜡　2g

★乳木果油　3g　　　★荷荷巴油　4g

★带倒出嘴的小号耐热容器（烧杯等）

★带盖容器（铁皮扁药盒或药膏容器）

制法和用法

① 把蜜蜡、乳木果油、荷荷巴油加入耐热容器中，在锅中隔水加热至融化，熄火。

② 为避免蜜蜡凝固，应保持容器仍在锅中，加入薄荷油，用竹签等迅速搅拌。

③ 将容器从锅中取出，把锅中混合液倒入药膏容器中，注意避免烫伤。

④ 待冷却至室温，自然凝固即可。如需迅速冷却，可将其置于冰箱冷藏室内。

★先给头发补水，随后取适量本品使用。

功效

护发、整发、定型。防止头发干燥、赋予光泽。还可用于足跟部皮肤护理。

26. 薄荷芳香蜡烛

在浴室里冲洗掉一天的尘垢之后，总算可以悠然自得地泡在浴缸里，在柔和的烛光中，长长地舒一口气，彻底放松下来。

即使没有香炉式的熏香器，只要蜡烛是无色无香的，就可以选取自己喜爱的天然精油配合蜡烛使用，达到芳香蜡烛的效果。

例如，在使用薄荷浴油（配方 22）时，如果蜡烛也能用薄荷油配合使用，就能进一步提升入浴时刻的清凉感受。

最初滴入蜡烛的精油，香味儿只能持续 30 分钟，所以如果您希望每次使用蜡烛时都能变换香味儿，那么这个配方是最合适不过了。

　　但有一点需要特别注意：必须选天然原料制成的、直径不小于 4 ~ 5 厘米的较粗的蜡烛。因为这款"芳香蜡烛"的要点就是，蜡芯周围燃烧后的凹坑直径必须不小于 3 厘米。

　　具体做法：点燃蜡烛，待蜡芯周围烧出凹坑后将烛火熄灭，趁凹坑中的蜡液还未冷凝时，向凹坑中滴入 10 滴薄荷油。为了尽量延长精油释放的时间，滴入的时候，应尽量避开蜡芯、滴在凹坑的边缘部位。就这样，薄荷油被封闭在重新冷凝的蜡烛中。[1]

　　上述准备工作完成后，再次点燃蜡烛，就可以从容地享受芳香蜡烛了。

　　我这样说下来，您读了以后可能会觉得步骤太多，很麻烦吧？

　　然而，想一想，在浴缸边上摆好蜡烛，静静地点燃，安静地等待，"噗"地吹灭烛火，滴薄荷油，再点燃蜡

---

1. 如果把精油滴在已经冷凝的蜡烛上，烛火烧到此处时，精油的香味儿会很快散尽。

烛……这一连串的动作本身，就是身心的休整啊。

　　就算一时童心兴起想要玩火也没关系，这里可是浴室，旁边就是水龙头呢。

　　而且不妨特意给自己找点乐子——用心准备一个讲究的盒子，以及盛放蜡烬的小碟子，让自己玩得更嗨些。

　　以前的蜡烛多是以取自石油的石蜡制成的，那时候，天然原料制成的无香蜡烛很少见。很多蜡烛在燃烧的时候会冒黑烟，还散发出不太好闻的气味儿。

　　所以从前的餐桌上用的蜡烛是需要手工制作的。不过现在，市面上能买到纯天然且价格不贵的蜡烛。比如原料取自大豆的豆蜡、取自棕榈油的棕榈蜡等，将它们与精油配合在一起使用效果很好。想要以薄荷油这类香味儿极易散发的精油来制作芳香蜡烛，蜡烛必须具有很好的包容性。

　　以天然原料制成的蜡烛中，尤以 100% 蜜蜡制成的蜡烛手感最好，且其本身的香味儿也具有芳香治疗的效果。即使不添加香料，也会散发出蜂蜜的甘甜香味儿。在古代，蜜蜡被认为是能把大自然与人不可思议地联系在一起的一种医疗美容圣物。

　　略感消沉的时候，就请您点起蜡烛，在那凹坑里滴入薄荷油吧！再次点燃蜡烛后，就可以尽情地让身体在浴缸中彻底放松了。

　　当您走出浴室时，一定会感到有些不一样。

配方26

薄荷芳香蜡烛

材料和工具

★薄荷油　10滴

★无色无香蜡烛（直径不小于4～5厘米）　1根

★烛台或碟子

制法和用法

① 点燃蜡烛，待蜡芯周围烧出直径3厘米以上的凹坑。

② 将烛火熄灭。

③ 趁凹坑中的蜡液还未冷凝，向凹坑中滴入10滴薄荷油。滴入时尽量避开蜡芯、滴在凹坑的边缘部位。

④ 凹坑中的蜡烛冷凝后，再次点燃蜡烛，享受熏香。

※ 如果蜡烛中心的凹坑太小，精油距离燃烧的蜡芯太近，很快就会散发掉，因此应特别注意凹坑的直径大小。重新点燃蜡烛后30分钟左右，滴入的精油就会被全部蒸发，香味儿散尽。如需继续熏香，可补滴适量精油。

功效

芳香、缓解紧张、消除身心疲劳。

27. 薄荷浴盐及蜂蜜露

躺在浴缸里什么也不用想，大脑一片空白，这种状态真是不错。这种状态本身就能消除疲劳、护肤保湿。

此外如果能把水蒸气和入浴剂结合起来科学使用，还能缓解身体不适。如能及早采取对症措施，有时候，利用入浴就能治愈一些小毛病，不至于发展成大问题。

比如，如果入浴剂是薄荷油的话，对咽痛就很有疗效。

全身浸泡在热水里的同时，吸入水蒸气和薄荷的香气成分，这种方式效果很好。这种情况下可选用配方22的"薄荷浴油"。

但是，如果不巧家里的薄荷浴油用完了，怎么办呢？

不用担心，有"薄荷浴蜜"来救场！蜂蜜其实是最简便好用的入浴剂。

在茶杯中加入 3 大匙蜂蜜，连汤匙一起拿到浴室里去。用于泡浴时，先向蜂蜜杯里滴入 3 滴薄荷油搅匀，再倒入浴缸水中，使其充分溶解。泡在浴缸里，做个深呼吸，薄荷的有效成分就会迅速地穿过咽喉、气管，到达肺部。

除此以外，由于蜂蜜具有保湿功效，出浴时光洁润滑的皮肤更是意外惊喜。

薄荷与蜂蜜组合在一起，对咽喉痛能更直接地发挥疗效。其实，薄荷对嗓子好，这件事很早很早以前就为世人所知，无论哪个国家的"润喉糖"，其成分中几乎都少不了薄荷醇（薄荷的有效成分）。

在家自制薄荷含片也不是不可能，但更为简便，且能立刻见效的是"薄荷蜂蜜露"[1]。

---

1. 也可用作胃药。就寝前感觉胃胀时服用一匙，能在睡眠中促进身体代谢，有助于早晨肠胃舒适。

蜂蜜在古希腊、古罗马时代就被用作损伤黏膜的修复药。在化学药品万能的时代，蜂蜜一度只被视为民间偏方。近年来，随着对其功效进行的分析研究不断深入，在新西兰、德国等国家，蜂蜜越来越多地在医院被当作药物使用，其主要用于外伤、溃疡的治疗。

蜂蜜可按照产地、蜜源花种的不同分为很多种类，如果希望它"对身体有好处"，一定要选择没有添加物的、未经加热处理的、纯粹的生蜂蜜[1]。

因为，生蜂蜜中的酶素等治疗有效成分未被破坏，这一点很重要。

科学原理暂且不说，能让身体感觉到"好用"的蜂蜜，通常都非常好吃。

感觉咽喉不适的时候，用茶匙取1匙蜂蜜。滴1滴薄荷油在上面，用牙签搅匀。把这匙蜂蜜抿入口中，想象着蜂蜜流经咽喉、涂在感觉不适的部位上，体会着蜂蜜流动，缓缓咽下。

---

1. 建议选择天气寒冷时也不易结晶的、可全年用作蜂蜜露的品种，推荐洋槐蜜等。

蜂蜜到达胃部后，薄荷油对胃壁的清爽刺激感会一直传递到咽部，让身体实实在在地感到，蜂蜜真的在起作用！

平时我在家就是用这个办法，用茶匙和牙签自制咽喉药和胃药。不过，如果能事先自制一些薄荷油蜂蜜露，装在瓶里备用，家里其他人，包括孩子也能很方便地服用。

用浴蜜泡浴之后，再来一匙薄荷蜂蜜露，真是很爽。

明天咽喉就会好起来的。

薄荷浴蜜让身体暖和，薄荷蜂蜜露让咽喉清爽。接下来，就是等待明晨在舒适之中醒来了。

配方21-1

薄荷浴蜜

材料和工具

★薄荷油　3～4滴

★天然蜂蜜　2～3大匙

★茶杯（便于拿到浴室中的）

★汤匙或茶匙

制法和用法

① 把2～3大匙蜂蜜加入杯中，滴入薄荷油3～4
滴，充分搅拌均匀。

★连杯拿到浴室，泡浴前，把①倒入浴缸水中，使
其充分溶解。

※浴蜜中的薄荷油，一个人入浴使用一次后就会全
部挥发，第二个人入浴时需要重新调制。

※蜂蜜量增多的情况下保湿力也更佳，而且皮肤不
会感觉发黏，一次用量10大匙左右也没问题。

功效

　　皮肤保湿，消除身心疲劳，缓解紧张，抗菌。

一匙薄荷蜂蜜露

材料和工具

★薄荷油　1 滴

★天然蜂蜜　1 小匙

★茶匙

★牙签

制法和用法

① 用茶匙取 1 匙蜂蜜，再滴入薄荷油 1 滴，用牙签
　　搅拌均匀。

- -

★直接抿入口中，想象着使其均匀涂在咽喉表面，缓
　　缓咽下。

※ 对儿童来说，这款配方薄荷油的刺激性过强，不
　　适用。儿童可使用下一款。

功效

　　缓解咽喉痛、咽部不适、咳嗽，缓和消化不良、
宿醉，增进食欲。

配方27-3

一瓶薄荷蜂蜜露

材料和工具

★薄荷油　20滴（成人用）

　　　　　10滴（儿童用）

★天然蜂蜜 100ml（145g）

★果酱瓶等带盖的玻璃瓶

制法和用法

① 把 100ml 蜂蜜装入玻璃瓶中，滴入薄荷油 20 滴
（成人）/10 滴（儿童），用竹签等搅拌均匀。

★取 1 小匙抿入口中，想象着使其均匀涂在咽喉表
面，缓缓咽下。

功效

　　缓解咽喉痛、咽部不适、咳嗽，缓和消化不良、
宿醉，增进食欲。

后　记

　　薄荷油采自薄荷新鲜的茎和叶。用于冲泡饮或做菜时，拍、切得越碎，越利于其芳香成分溢出，释放出令人心清目明的香气。

　　准备薄荷茶的时候，我总是满心欢喜地、细细地切着新鲜的薄荷叶。

　　当我整个人都被手中散发的青翠欲滴的芳香包裹时，不自禁地就想起那个名叫"Mentha"（门忒，下同）的精灵来。

　　日本种薄荷、西洋种薄荷、留兰香薄荷，它们的学名都是同一个单词——Mentha。这是古希腊神话故事中一个精灵的名字。

冥界之王哈迪斯，置王后珀尔塞福涅于不顾，执拗地爱上了美丽的Mentha。王后珀尔塞福涅嫉妒得发狂，把Mentha打倒在地、踩踏摧残。结果，美丽的少女Mentha变成了泥地中的一株香草。

故事情节令人心痛，但那美丽的少女被打之后，反而更增芳香，这样的故事寓意真的让人拍案叫绝。

我想，在我们被怒气或哀伤充塞心胸时，也只有薄荷的芳香能帮助我们冲走心中郁闷。

每当薄荷的香味儿飘来的时候，沉淀的空气就仿佛被吹动起来，心情也随之晴朗。在这清风中尽力去工作、生活，然后美美地睡上一晚，那么到了明天，定会在明快中开始新的一天，仰望天空，内心无比安详吧。

这么多年，在不知不觉之中，我从薄荷身上获益良多，难以计量。

在本书归纳的配方中，有一部分我曾在杂志上零

星介绍过。配方的名称中，有的用了"薄荷"二字，
有的用了"MINT"一词，常常有读者问我这两者究竟有
什么不同。

从文字的角度说，"MINT"只是"薄荷"的英文。

我这些配方的分类方法，其实完全是我个人决定的。
简单地说，就是经过多年实践之后，我觉得用日本种薄
荷效果特别好的配方，就用了"薄荷"二字，觉得用西
洋种胡椒薄荷或留兰香薄荷效果也不错的配方，就用了
片假名的"MINT"。

不过，原则上这本书里的配方，其实每一个都可以
用我最爱的"薄荷油"来统一命名。每个配方都是我在
芳香世界中一个人的冒险。当读者们在各自的薄荷油的
芳香世界中漫步时，如果能把我的这本书当作一本参考
手册兼体验日记的话，那我就太荣幸了。

我要感谢担任本书编辑的岛口典子女士，在我稍有
一点低落时就给予我真挚的关怀，诚恳、耐心；感谢
MAGAZINE HOUSE（杂志屋出版社，音译）的广濑桂子
女士，为本书整体策划提供周到的支持；还要感谢负责

摄影的内田鉱伦先生。

KOYAMA TAKAKO（小山贵子，音译）女士，准确地捕捉到"有了薄荷油的生活"的灵感，将其生动地表达在图书设计中；负责插图的谷山彩子女士、负责美术字的横山美里女士，太感谢你们了。

最后，也是最重要的，我要祝愿每一位把此书拿在手里的、将要踏上薄荷油之旅的读者朋友们，今后的日子更加快乐幸福。

2014 年秋初

前田京子

分量表

《说一说：薄荷厨房专用洗手皂、厨房专用固体皂》（第118页）中的材料分量表

1. 橄榄油或100%椿树油厨用皂
★ 使用后的橄榄油或椿树油
　　或两者混合油　500ml（458g）
★ 精制水　180ml
★ 氢氧化钠　57g
★ 薄荷油　150滴

2. 橄榄油或椿树油马赛厨用皂
★ 使用后的橄榄油或椿树油
　　或两者混合油　500ml（458g）
★ 棕榈油　70ml（64g）
★ 椰子油　120ml（112g）
★ 精制水　250ml
★ 氢氧化钠　86g
★ 薄荷油　190滴

　　按照自制手工皂基本方法中的步骤：制作毛坯、

入模倒模、切分，到成熟，上述配方１需要８周时间，配方２需要６周时间。两个配方氢氧化钠的分量、皂的成熟期，都与基本方法略有不同，应予注意。配方２中的棕榈油和椰子油，也可以先用于炸制食品，之后再用作本品原料。

本书基于作者的实践经验，介绍了通常范围内安全性及功效被广泛公认的原料及其应用方法。但无论多么安全的原料，也可能并非适用于所有人。请在充分确认这些原料"与自身的适应性"的前提下应用。同时，妊娠期、哺乳期妇女以及婴幼儿应减少薄荷属植物精油的使用。

主要参考文献

[1] The New Standard Formulary，A. Emil Hiss, Ph.G., and Albert E. Ebert, Ph.M., Ph. D., c. 1910. G.P.Engelhard & Company.

[2] Patricia Davis. 改订增补芳香疗法大事典 [M]. 高山林太郎 , 译 .FRAGRANCE JOURNAL 社 ,1997.

[3]Professional Guide to Complementary and Alternative Therapies, Angella Bascom et al., 2001, Springhouse.

[4] Penelope Ody. 药用香草完全图解指南 Medicinal herbs [M]. 衣川湍水，上马场和夫监修，近藤修，译 . 日本 VOGU 社，1995.

[5] 万达席勒 . 芳香疗法用 84 种精油 [M]. 高山林太郎，译 . FRAGRANCE JOURNAL 社，1992.

[6] 林真一郎. 药用香草大事典 [M]. 东京堂出版，2007.

[7] 林真一郎. 药用香草 LESSON[M]. 主妇之友社，1996.

[8] 林真一郎. 芳香疗法 LESSON[M]. 主妇之友社，1995.

[9]The Green Pharmacy, James A. Duke, Ph.D., 1998. St. Martin's Paperbacks.

[10]Hydrosols: The Next Aromatherapy, Suzanne Catty, 2001. Healing Arts.

[11] 川端一永，吉井友季子，田水智子. 临床药用芳香疗法 [M]. MEDICA 出版，2000.

[12] 村上志绪. 日本香草大事典 [M]. 东京堂出版，2002.

[13] 丝川秀治. 药用植物劝导 [M]. 裳华房，2001.

[14] McIntyre, Anne. 女性香草自然疗法 [M]. 金子宽子，译. GAIA·产调出版，1998.

[15]Back to Eden, Jethro Kloss, 1995. Back to Eden Publishing.

[16]A Handbook of Native American Herbs, Alma R. Hutchens, 1992. Shambhala.

● 手工皂参考书籍（前田京子著）：

[17] 前田京子 . 沐浴的乐趣 [M]. 飞鸟新社，1999.

[18] 前田京子 . 自制橄榄油皂和马赛皂 [M]. 飞鸟新社，2001.

[19] 前田京子 . 手工皂配方绘本 [M]. 主妇与生活社，2002.